高等职业院校教学改革创新示范教材・计算机系列规划教材

平面设计基础项目教程

（CorelDRAW）

仇 雅 主 编
唐雪涛 徐 枫 副主编

電子工業出版社
Publishing House of Electronics Industry
北京・BEIJING

内 容 简 介

本书以项目为引领，内容涉及多个平面设计应用领域，包括基本图形绘制、实物图形绘制、卡通画绘制、标志与名片的设计、封面设计、海报设计、菜单设计、广告设计、包装设计等实用性较强的项目，让学习者在项目的制作过程中深刻感受到平面设计软件CorelDRAW的设计魅力。全书精心设计了课后典型练习案例，让学习者能在课后练习中巩固知识点内容。本书还提供配套素材、PPT课件和教案，极大地方便教师的教学和学生的学习过程，丰富学习内容。

本书可供高等职业院校数字媒体技术应用类、平面设计等专业的学生学习，也可供业余爱好者自学和参考。

图书在版编目（CIP）数据

平面设计基础项目教程：CorelDRAW/仇雅主编. —北京：电子工业出版社，2018.8
ISBN 978-7-121-34448-0

Ⅰ. ①平… Ⅱ. ①仇… Ⅲ. ①平面设计－图形软件－职业教育－教材 Ⅳ. ①TP391.412

中国版本图书馆CIP数据核字（2018）第120602号

策划编辑：程超群
责任编辑：裴　杰　　特约编辑：陈　童
印　　刷：北京虎彩文化传播有限公司
装　　订：北京虎彩文化传播有限公司
出版发行：电子工业出版社
　　　　　北京市海淀区万寿路 173 信箱　邮编 100036
开　　本：787×1 092　1/16　印张：9.25　字数：233.6 千字
版　　次：2018 年 8 月第 1 版
印　　次：2023 年 1 月第 5 次印刷
定　　价：29.00 元

凡所购买电子工业出版社图书有缺损问题，请向购买书店调换。若书店售缺，请与本社发行部联系，联系及邮购电话：（010）88254888，88258888。

质量投诉请发邮件至 zlts@phei.com.cn，盗版侵权举报请发邮件至 dbqq@phei.com.cn。

本书咨询联系方式：（010）88254577，ccq@phei.com.cn。

本书的编写是建立在职业院校的数字媒体技术应用类专业的人才培养目标上的，以培养从事平面处理、广告设计、包装设计、标志设计、招贴海报等人才为目标，通过项目引领方式让学生掌握使用 CorelDRAW 平面设计软件来实现数字图像的艺术创造和再加工，使学生能够掌握平面作品绘制和设计的基本方法及技巧，为毕业后从事建筑室内外设计、广告设计、印刷业及各种商业宣传设计奠定基础。

本书的编写改变以往传统平面设计教材“知识点罗列—工具介绍—教学案例制作”的常规结构，变革为“情景导入—项目引领—知识点介绍—完成项目”的新型教材结构，将企业生产性的实际项目引入教材当中，通过项目的开展引导学生进入学习角色，将教师的“教”转变为学生主动探索发现的“学”的过程。教材中以项目为引领，项目实战与概念讲解有机结合，项目内容丰富，紧密结合课程改革，符合平面设计相关企业需求，体现以项目为载体、以学生为主体、以能力培训为目标的教学过程。

书中的项目涉及多个平面应用领域，包括标志设计、封面设计、海报设计、菜单设计、广告设计、包装设计等实用性较强的项目，让学生能够深刻感受到平面设计软件 CorelDRAW 的设计魅力。本书还精心设计了课后练习，让学生在课后练习中巩固课堂所学内容。此外，本书提供配套素材、PPT 课件和教案，以方便教师的教学和学生的学习过程，丰富学习内容。本书符合职业院校学生的认知规律和教师的教学规律，具有较强的知识启发性，注重素质教育，强调动手实践，教学项目贴合行业要求，能充分激发学生的学习兴趣。

本书的参考学时为 72 学时，其中讲授学时为 26 学时，实训学时为 46 学时。各章节的参考学时参见下面的学时分配表。

章　节	课程内容	讲授学时	实训学时
1	平面设计基础	1	0
2	CorelDRAW 入门	1	1
3	基本图形的绘制	2	3
4	颜色的填充	2	3
5	文本的加入	2	3

续表

章　节	课 程 内 容	讲 授 学 时	实 训 学 时
6	实物图形的绘制	2	4
7	卡通画的绘制	2	4
8	标志与名片的设计	2	4
9	封面设计	2	4
10	海报设计	2	4
11	菜单设计	2	4
12	广告设计	2	4
13	包装设计	2	4
14	启型图的绘制	2	4
课时总计		72	

本书由仇雅老师担任主编，唐雪涛、徐枫老师担任副主编，黄凡、莫海楼、杨吉才、宋俊毅、李福宁等老师参与编写了部分章节。

由于编者水平有限，书中难免存在错误和不妥之处，敬请广大读者批评指正。

编　者

CONTENTS
目录

第 1 章 平面设计基础

【学习目标】

（1）了解平面设计的基本概念。
（2）掌握几种常用的图像文件格式和颜色模式。
（3）掌握平面设计的一般设计流程。

1.1 项目实战 1：初识平面设计

【项目情境】

小 T 是一名大学生，他担任了学校某社团的宣传部长，该社团常常要做一些宣传工作，他想利用计算机自行设计一些宣传海报和活动宣传单，但是他从来没有接触过平面设计，因此对这些设计一头雾水。为了做好社团的宣传工作，他立志要进入平面设计领域去学习。

【项目分析】

刚开始学习平面设计，首先要掌握一些相关理论知识，其中包括平面设计的基本概念、平面设计涉及的相关图像格式及颜色模式等。马克思说过“理论联系实际”，这些学过的理论知识将会直接影响日后的设计工作。

1．平面设计的含义

平面设计就是通过将文字、图形、图片、符号等以多种方式结合起来，创造出一种新的视觉表现方式，以此来传达某种信息或想法。现代的平面设计注重视觉美感与信息传达两者的有机结合，注重信息传达方式、信息的表现创意、平面元素的色彩搭配、图形的构图等方面。目前平面设计的应用领域主要包括书籍、杂志、平面广告、海报、企业标志、网站图形元素、产品包装等。

2．图像文件格式

在计算机中，所有的图像都是以数字化的形式来存储及处理的。这些数字化的图像可以分为两大类型：一种是矢量图像，另一种是位图图像。了解这两种不同的图像特点可以让我们在以后的平面设计工作中更恰当地选择和处理不同类型的图像。

1）矢量图像和位图图像

（1）矢量图像。

矢量图像简称矢量图，是用点、线、面等图形元素结合起来表示的图像。矢量图中的图形元素称为对象，每个对象都是一个独立的个体，具有不同的颜色、位置、大小、形状等属性。矢量图需要通过软件来生成，常用于生成矢量图的软件有 CorelDraw、Illustrator、Flash、FreeHand 等。矢量图的最大优点是执行放大、缩小、旋转、移动等操作都不会让图像失真，并且文件容量较小，易于存储和传输；最大缺点是难以表现生活中丰富的多层次色彩效果。矢量图适用于图形设计、文字设计、标志设计、版式设计等设计领域。

（2）位图图像。

位图图像简称位图，是由像素点构成的图像。把位图放大，可以看到图像中多个方块形状的像素点，这些像素点共同构成了整幅画面。位图的优点是能将色彩丰富的图像呈现出来，特别是能逼真地表现自然界的多彩缤纷。其缺点是执行放大、缩小、旋转等操作时图像容易失真，并且文件容量较大，占用存储空间较多。常用的位图处理软件是 Photoshop 和 Windows 系统自带的画图软件。

2）常见的图像文件格式

记录和存储图像信息的格式称为图像文件格式。通常在对图像进行存储、处理、传播时，根据实际情况，需要使用不同的图像文件格式，各种图像文件格式之间可以通过软件来进行转换。

（1）BMP 格式。

BMP 格式是 Windows 操作系统中的标准图像文件格式，也是 Photoshop、画图软件最常用的位图图像格式，这种格式的文件几乎不用压缩，它占用的磁盘空间较大，是一种在 Windows 环境中运行的绝大部分图形图像软件都支持的通用格式。

（2）GIF 格式。

GIF 即图像交换格式，这种格式的图像使用 LZW 压缩方式，文件占用空间较小，很适合在网络上进行传播，普遍用于网页制作、动态图制作。其缺点是最多只能显示 256 种颜色，颜色过渡效果较差。

（3）JPEG 格式。

JPEG 是很常见的一种图像文件格式，也是所有格式中压缩率比较高的格式，目前大多数的彩色图像都使用这种格式来压缩图像。它采用的是有损压缩格式，会在压缩过程中降低图像质量，对图像的精度要求不高时可以选用 JPEG 格式来存储。JPEG 格式主要用于图像浏览、网页的制作等。

（4）PNG 格式。

PNG 格式是一种无损压缩格式，其优点是压缩比高，生成的文件体积小，支持透明效果。其缺点是较旧的浏览器和程序可能不支持 PNG 格式文件，并且 PNG 提供的压缩量不及 JPEG 的有损压缩，不支持动画文件。

3. 颜色模式

颜色模式是一种记录图像颜色的方式。颜色模式分为 RGB 模式、CMYK 模式、HSB 颜色模式、Lab 颜色模式、灰度颜色模式、位图颜色模式、索引颜色模式、双色调模式和多通道模式，使用不同的颜色模式可能在人眼中观察不明显，但是在图像的编辑与处理时会有很大的不同，下面介绍其中几种常用的颜色模式。

（1）RGB 颜色模式。

RGB 模式是通过红、绿、蓝 3 种颜色进行叠加所获得的多彩颜色，它是一种加色模式，这种模式的颜色适合用电子显示屏来观看，所显示的各种颜色都能被人眼所识别，是目前使用最广泛的一种颜色模式。

（2）CMYK 颜色模式。

CMYK 颜色模式是指青、洋红、黄、黑 4 种颜色，它与 RGB 的加色颜色模式不同，CMYK 模式是减色模式，适用于将显示器上所显示的彩色图像打印出来，又称为打印模式或者印刷模式。在打印制作的图像时，如果是 RGB 图像，需要先转换为 CMYK 图像，再执行打印操作。

（3）HSB 颜色模式。

HSB 颜色模式是基于人的视觉感受的一种颜色模式，H 代表色相，S 代表饱和度，B 代表亮度，这种颜色模式比较符合人的视觉感受，让人觉得更加直观一些。

（4）Lab 颜色模式。

Lab 颜色模式由 3 个要素构成：L 代表亮度，a 和 b 代表两个颜色通道，a 表示从深绿色到灰色再到亮粉红色，b 表示从亮蓝色到灰色再到黄色，能显示的色彩比较多。Lab 颜色模式是一种独立于设备的颜色模式，不论使用何种显示器或者打印机，Lab 的颜色均不变。

（5）灰度颜色模式。

灰度颜色模式显示的图像只有黑、白、灰三色，可用 0～255 的不同数值来表示灰色的深浅程度（灰度值），当数值为 0 时表示黑色，数值为 255 时表示白色。

（6）位图颜色模式。

位图模式只有黑和白两种颜色，位图模式的图像也叫黑白图像。要使用位图颜色模式，需要先将彩色图像转换为灰度颜色模式，再由灰度颜色模式转换为位图颜色模式，不能由彩色模式直接转换为位图颜色模式。

1.2　项目实战 2：平面设计的基本流程

【项目情境】

小 T 在学习了平面设计的基本概念后，开始考虑作品的制作过程，但是他还不清楚作品的制作步骤、设计原则，以及如何才能让自己的作品引起他人的注意等，这些内容都需要继续深入学习。

【项目分析】

在总结了前人的平面作品设计及制作过程后，我们会发现平面设计的过程及步骤都是大同小异的，既有各自的特点，又有共同点，我们可以将其中较常用的设计过程熟记于心，以便于更好地开展设计工作。

1. 平面设计的一般设计流程

平面设计的过程是有计划有步骤的渐进式不断完善的过程，设计的成功与否在很大程度上取决于理念是否准确、考虑是否完善、作品是否具备创意。平面设计流程是多样性的，并不是固定不变的，也没有唯一的答案，每个平面设计师都会有其独特又习以为常的设计方法。现将其中一种常用的设计流程进行介绍，供大家参考。

（1）设计调查，收集资料。

设计调查是为了知道用户的真实需求，以及用户如何在实际条件下使用产品或服务。设计调研者需要寻找目标客户，观察他们的行为，了解他们的爱好和动机，明确他们的真实需求，并进行设计资料的收集。设计调查是设计的开始和基础。

（2）分析主题，明确需求。

任何图像的设计和处理都应该围绕设计主题来进行，必须先深度剖析主题的内在，找出主题包含哪些重要信息，确定设计的内容、面向的对象、使用的环境等，根据明确的需求来制作合适的解决方案，做到有的放矢。

（3）绘制/获取素材，加工处理。

平面作品的素材来源渠道很多，可通过摄影设备获取，可从光盘、磁盘上复制，还可从资源丰富的网络上去搜索。能力较强的设计师也常常亲自绘制素材，将获取到的素材进行加工处理，融入到当前设计的作品中。常见的素材获取方式如表 1-1 所示。

表 1-1　常见的素材获取方式

素材名称	素材获取途径	所需设备	素材格式
照片	拍照	手机、相机等	JPEG、BMP 等
绘图	手绘、鼠标绘	手绘板、计算机、扫描仪等	JPEG、PSD、AI、CDR 等
图片	网络下载、光盘复制	计算机、光驱	JPEG、BMP、PNG、GIF 等
文字	网络下载、光盘复制	计算机、光驱	TTC、TTF 等

（4）排版对象，调整元素。

一幅完整的平面作品，一般都要有标题、内文、背景、色调、主体图形、留白、视觉中心等内容，内容里的元素都是用于传递某些信息而出现的，因此在排版上我们需要从整体来考虑元素的位置、大小、角度等问题，根据排版的基本原则来做调整，力求能呈现出最理想的效果。另外，在色彩这一元素的使用上，是能体现出一个设计师对色彩的理解和修养的。色彩能向人传递感情和信息，能让人产生联想，能让人感觉冷暖、轻重、厚薄、远近、动静、朴实、华丽等（具体可参照表 1-2），因此在使用色彩时也要充分考虑色彩的内涵。

表 1-2　色彩的抽象联想

颜　色	对应的抽象联想
红色	冲动、热情、活力、危险
橙黄色	温暖、嫉妒、欢喜、活力
黄色	光明、希望、快乐、轻浮
绿色	和平、安全、生长、新鲜
蓝色	平静、悠久、理智、深远
紫色	优雅、高贵、庄重、神秘
黑色	严肃、刚健、恐怖、死亡
白色	纯洁、神圣、干净、清洁
灰色	平凡、失意、谦逊、忧闷

（5）保存文件，打印图像。

作品完成后，及时做好文件的保存及备份工作，一定要保存一份文件的源格式，若使用 CorelDRAW 软件保存的源文件格式为 CDR 格式。完成后的平面作品通常需要打印出来，打印还需要考虑纸质、裁剪等问题，这些问题留待以后再进一步探讨。

2. 平面设计的基本原则

根据设计师的多年设计经验，每一个优秀的设计通常都会应用对比、重复、对齐、紧密这 4 种基本的设计原则。

（1）对比原则。

为了避免同一个页面上有过多的相似元素（字体、颜色、大小、形状等），也为了让页面引人注目，可以使用截然不同的元素做对比。例如，可以使用黑色和白色两种完全不同的颜色作为对比。

（2）重复原则。

将字体、颜色、大小、形状、图片等元素在作品中重复出现，这样能加强作品的一致性和条理性。例如，在不同标题中使用相同的字体，在不同的位置使用相同的图案做装饰都属于元素重复。

（3）对齐原则。

页面中的元素是不能随意放置的，每个元素的位置都会跟页面中另一个元素有某种关联，这样才能产生条理清晰、让人感到舒适的视觉效果。例如，将同一个页面中所有对象设置为左对齐、居中对齐、右对齐。

（4）紧密原则。

彼此相关的对象应该放置在一起，紧密贴近，而不是把各元素孤立放置，这样有助于组织信息，减少混乱，给人提供清晰的脉络。

3. 平面设计中的创意

现在是一个视觉产品泛滥的时代，人们随时随地可以观看到五花八门的平面设计产品，这些产品让人目不暇接。如何从中脱颖而出，将自己的作品信息传递出去，从而引起别人的注意？这就需要打破传统，打破常规，具备创新思维，融入创意设计。创意设计，其实就是把简单的东西或想法不断延伸，呈现出另一种独特的表现方式。目前在工业设计、建筑设计、包装设计、平面设计、服装设计等领域都缺少不了创意设计，把创意融入到设计中，才算得上是有意义的设计。设计中最常用于激发创意的方法为头脑风暴法，使用该方法可以激发人脑产生多种不受约束、天马行空的想法，只有足够多的想法及创意，才能让你从中挑选出最适合的设计方案。

第 2 章 CorelDRAW 入门

【学习目标】

（1）认识 CorelDRAW 软件的功能及主界面。
（2）掌握 CorelDRAW 软件的基本操作。

2.1 项目实战 1：认识平面设计软件

【项目情境】

小 T 在学习了平面设计的基本理论后，开始学习软件的实际操作。那么，常用的平面设计有哪些？它们分别有什么特点？小 T 目前还是一头雾水。

【项目分析】

目前市面上有很多种平面设计软件，究竟选择哪种软件？可以先对各软件有所了解，分析其优缺点后再进行选择。在 1.1 项目中，小 T 需要用软件进行海报、宣传单的设计，可以选择 Coreldraw、Photoshop、Adobe Illustrator 这 3 款目前最流行的平面软件中的一个来进行学习。对于初学者来说，选择较容易上手的专业软件是最为适合的。

在平面设计领域里，常用的平面设计软件的种类较多，有用于图像处理和图形设计类的 Coreldraw、Photoshop、Illustrator、Freehand 等，有用于网页和版面设计的 Fireworks、Dreamweaver、Indesign 等，有用于绘制机械平面图的 AutoCAD 等，有用于漫画绘制的 Comic Studio、Open Canvas 等，要根据实际用途来选择。

1. CorelDRAW 软件

CorelDRAW 是由 Corel 公司推出的矢量图形制作软件，具有矢量图制作、页面设计和排版、网站设计和制作、位图编辑、文字编辑处理等多种强大的功能，目前在广告制作、图书出版、插图绘制、网页制作、包装设计等方面得到广泛的应用。新版本的 CorelDRAW 软件具有丰富的内容环境、专业的平面设计功能、独特的照片编辑和页面设计功能，可以让你随心所欲地进行设计。

2. Photoshop 软件

Photoshop 软件简称 PS，是一款由 Adobe Systems 公司开发的图像处理软件，可用于编辑与绘制图像、图形、文字等元素，支持多种图像格式，具有效果丰富的插件（滤镜），对位图图像的编辑处理和特效添加功能尤其强大，常用于照片处理、广告制作等领域。

3. Adobe Illustrator 软件

Adobe Illustrator 软件是由 Adobe Systems 公司开发的矢量图形处理软件，主要用于印刷出版、海报书籍排版、专业插画、多媒体图像处理、网页制作等领域，功能上类似于 CorelDRAW 软件，二者都可以用来制作和编辑矢量图。

2.2 项目实战 2：学习 CorelDRAW 的基本操作

【项目情境】

经过对 3 款软件的初步了解后，小 T 决定先学习出版功能强大、简单易用的矢量图制作软件 CorelDRAW 软件。他开始进入软件的初级学习阶段——基本操作的学习。

【项目分析】

每个软件的学习都要从基本操作开始，掌握基本的文件操作是开始设计和制作平面作品的前提和必需。基本操作包括软件的打开和关闭，文档的新建、打开、保存和导出，素材的导入等操作。

1. 软件的打开与关闭

以 CorelDRAW X7 软件为例，在计算机桌面上双击 CorelDRAW X7 的图标，即可显示 CorelDRAW X7 的启动界面，如图 2-1 所示，程序开始加载。

图 2-1

当程序加载成功后，进入 CorelDRAW X7 的操作界面，如图 2-2 所示。与大多数软件窗口类似，CorelDRAW X7 的操作界面主要由标题栏、菜单栏、工具栏、属性栏、工具箱、工作区、泊坞窗、调色板等一些通用元素组成。

图 2-2

完成作品的编辑和保存后，单击 CorelDRAW X7 操作界面右上角的“关闭”按钮即可关闭 CorelDRAW 软件。

2．新建文档

选择“文件”→“新建”命令（或者按 Ctrl+N 组合键），弹出“创建新文档”对话框，如图 2-3 所示，设置新文档的名称、大小、宽度、高度、渲染分辨率等信息，单击“确定”按钮即可新建一个空白文档。

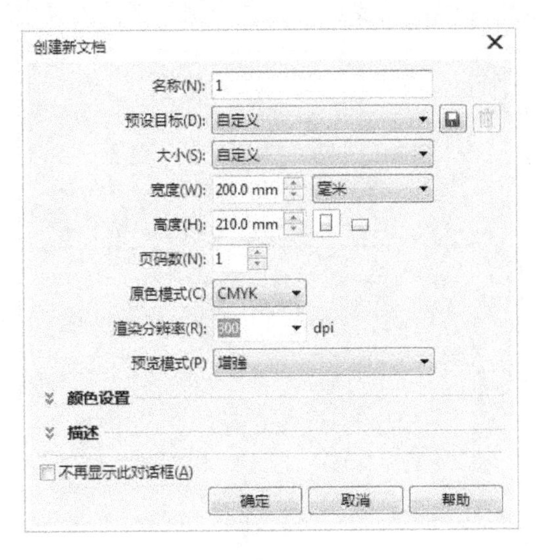

图 2-3

3．导入素材

作品在制作过程中有时需要使用其他图片素材，这时可以使用“导入”命令。选择“文件”→“导入”命令（或者按 Ctrl+I 组合键），弹出“导入”对话框，如图 2-4 所示。选择素材文件所存放的路径，选中素材文件后单击“导入”按钮，这时光标会变成一个直角符号，单击工作区，即可将图片素材导入至当前位置。

图 2-4

4. 保存文档

当作品完成后，需要及时进行保存。选择“文件”→“保存”命令（或者按 Ctrl+S 组合键），弹出“保存绘图”对话框，如图 2-5 所示，选择保存的路径，输入文件名称后单击“保存”按钮即可完成保存操作。系统默认的保存格式为 CDR 格式，这是 CorelDRAW 软件的专用格式，如果想保存为其他格式，需要在“保存类型”下拉列表中选择其他格式。

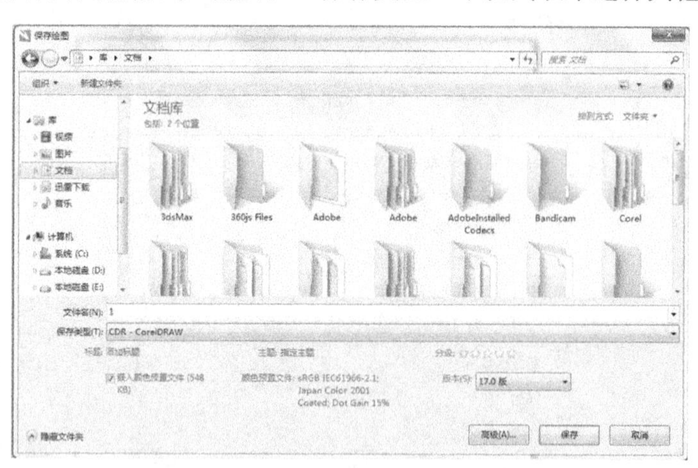

图 2-5

5. 导出文档

有时我们需要将作品保存为 JPEG、BMP、PDF 等文档格式，这时可以使用“导出”命令。选择“文件”→“导出”命令（或者按 Ctrl+E 组合键），弹出“导出”对话框，如图 2-6 所示，在“保存类型”下拉列表中选择需要的格式后单击“导出”按钮即可完成操作。

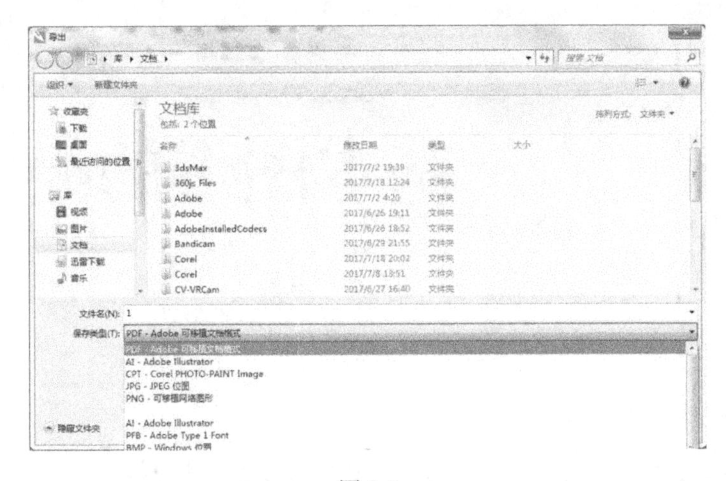

图 2-6

例如，我们导出最常用的 JPEG 格式，需要在“导出”对话框的“保存类型”下拉列表中选择“JPG-JPEG 位图”选项，单击“导出”按钮后会弹出“导出到 JPEG”对话框，如图 2-7 所示，在此设置颜色模式、质量等参数后，单击“确定”按钮即可完成操作。

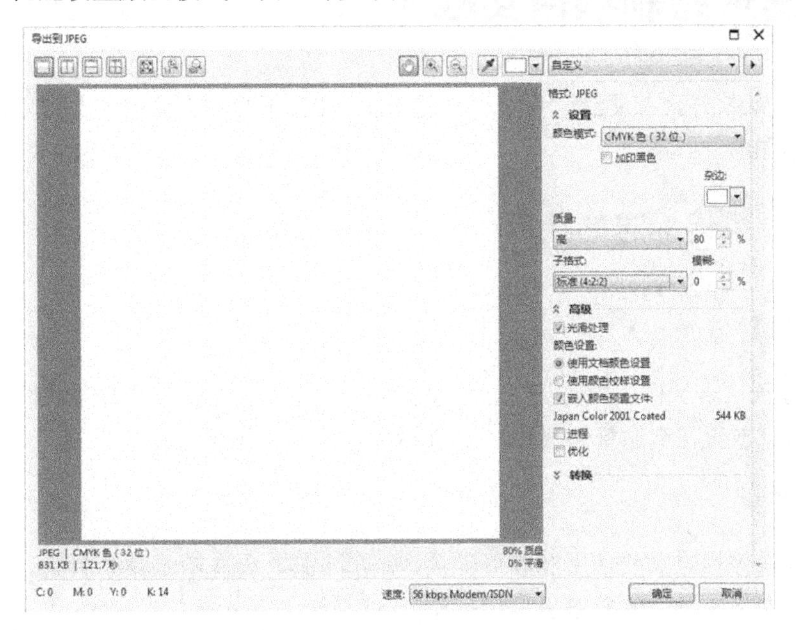

图 2-7

第 3 章 基本图形的绘制

【学习目标】

（1）掌握手绘工具、贝塞尔工具等绘图工具的功能及操作方法。
（2）掌握矩形工具、圆形工具、多边形工具等绘图工具的功能及操作方法。
（3）掌握交通标志、服装洗涤标志、生活标志等基本图形的绘制方法。

3.1 图形绘制项目实战 1

CorelDRAW 软件具有灵活而强大的绘图功能，即使不擅长手绘的人也可以借助该软件绘制出各种基本图形。

3.1.1 禁停标志的绘制

【项目情境】

小 Q 是蓝天广告制作公司的员工，他刚接到一个工作任务，交通疏导大队请他帮忙绘制一个禁停标志，放置在交通繁忙路段，小 Q 接到任务后立即开工。

【项目分析】

绘制交通禁停标志需要使用椭圆形工具、矩形工具、贝塞尔工具绘制图形，使用文本工具输入需要的文字，最终效果如图 3-1 所示。

图 3-1

【项目制作过程】

（1）打开 CorelDRAW 软件，新建一个页面，在新建页面的属性对话框中分别设置宽度为 70cm，高度为 200cm，页面尺寸显示为设置的大小。

（2）选择椭圆形工具，按住 Ctrl 键在页面上绘制一个正圆，填充图形为深蓝色（CMYK 值为 100、100、0、0），轮廓线设置为红色［CMYK 值为（0、100、100、0）］，轮廓线的宽度为 30mm，参数设置如图 3-2 所示，效果如图 3-3 所示。

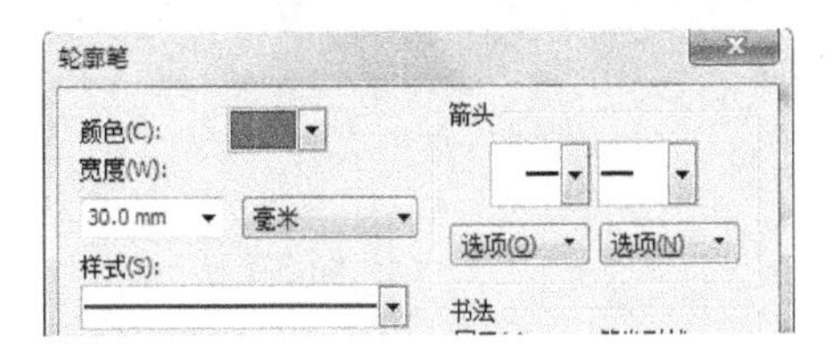

图 3-2

图 3-3

（3）选择矩形工具，绘制一个长条状矩形，设置为与上一步圆形轮廓一样的红色，将其逆时针旋转 135°，去除轮廓线，如图 3-4 所示。复制一个相同的矩形，将其逆时针旋转 225°，将两个矩形放置于圆形内部，效果如图 3-5 所示。

图 3-4

图 3-5

（4）选择矩形工具，在标志下方绘制长条状矩形，选择渐变填充工具，弹出“渐变填充”对话框，如图 3-6 所示，“在颜色调和”选项组中选中“自定义”单选按钮，设置 3 个位置点分别为 0 位置［CMYK 为（0、0、0、70）］，49 位置［CMYK 为（0、0、0、10）］，100 位置［CMYK 为（0、0、0、30）］，效果如图 3-7 所示。

（5）选择贝塞尔工具，绘制一个梯形，如图 3-8 所示，给梯形填充灰色［CMYK 为（0、0、0、50）］，去除轮廓线，将其放置于如图 3-9 所示的位置。

（6）选择矩形工具，绘制一个矩形，在调色板的白色块上单击，为矩形填充白色，在调色板的 50%黑色块上右击，为矩形的轮廓设置为灰色，如图 3-10 所示。

（7）选择文本工具，在步骤（6）所绘的矩形中输入文字“全路段禁停”，在文本工具的属性栏中设置字体为黑体，字号为 306pt，如图 3-11 所示。

（8）将步骤（6）和步骤（7）的图形及文本放置于如图 3-12 所示的位置，完成后保存为 CDR 格式，命名为“禁停标志.cdr”。

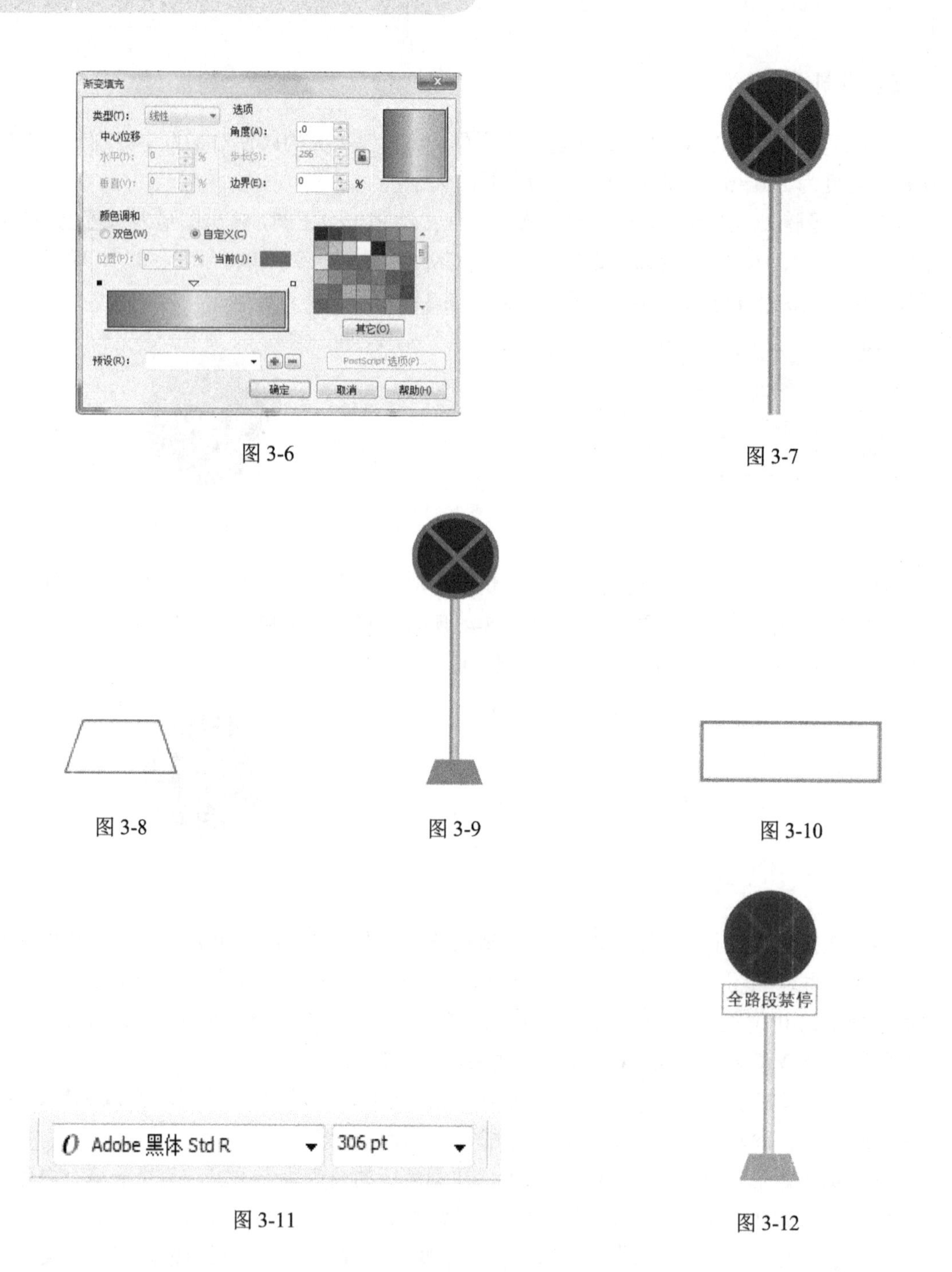

图 3-6

图 3-7

图 3-8

图 3-9

图 3-10

图 3-11

图 3-12

3.1.2 技能链接——选择工具

在 CorelDRAW 软件中，一般使用工具箱中的选择工具来对图形对象进行选择、定位和变换。当图形建立后，使用选择工具可以使图形对象处于选中状态，这时对象周围会出现 8 个黑色小方块，这是控制手柄，这时可以将鼠标指针放在图形上，鼠标指针变成十字形，即可拖动对象进行移动，如图 3-13 所示。

将鼠标指针放在图形的控制手柄上时，鼠标指针显示双箭头，这时可以通过拖动鼠标将对象放大或者缩小，如图 3-14 所示。

在图形对象外的空白处单击，即可取消图形的选中。

图 3-13　　　　图 3-14

3.1.3　技能链接——绘图工具

1．手绘工具

手绘工具就像使用一支铅笔在纸上绘画，它能根据鼠标指针的轨迹来画出自由的线条，如图 3-15 所示。

2．贝塞尔工具

贝塞尔工具可以用于绘制直线、折线和曲线，特别适合绘制平滑的曲线，主要通过节点和控制点来控制曲线的弯曲度。

（1）绘制直线和折线。

选择贝塞尔工具后，在页面中单击确定起点，移动鼠标指针后再单击确定终点，两节点间即可绘制出一条直线，如图 3-16 所示。如果想绘制多折角的折线，则需重复移动鼠标指针→单击的操作，折线效果如图 3-17 所示。

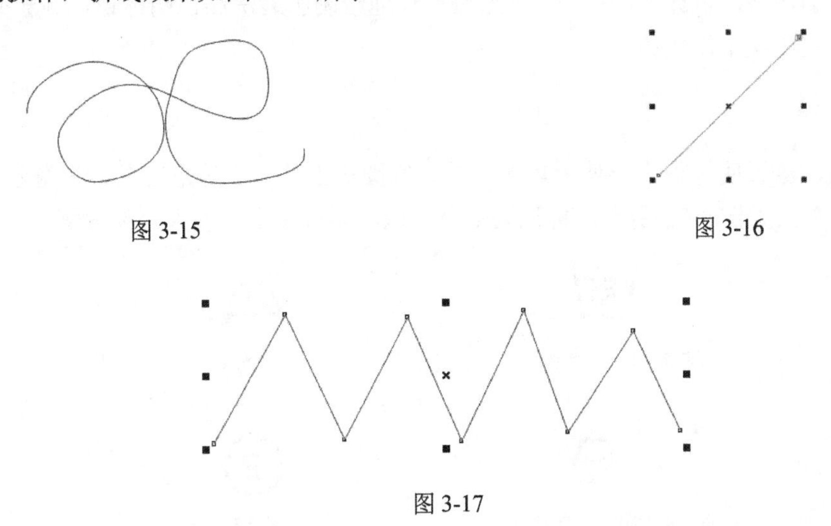

图 3-15　　　　图 3-16

图 3-17

（2）绘制平滑曲线。

选择贝塞尔工具后，在页面中按住鼠标左键并拖动时，该节点两边会出现蓝色的控制线和控制点，如图 3-18 所示，拖动鼠标离节点越远，曲线的弯曲度越大，如图 3-19 和图 3-20 所示。

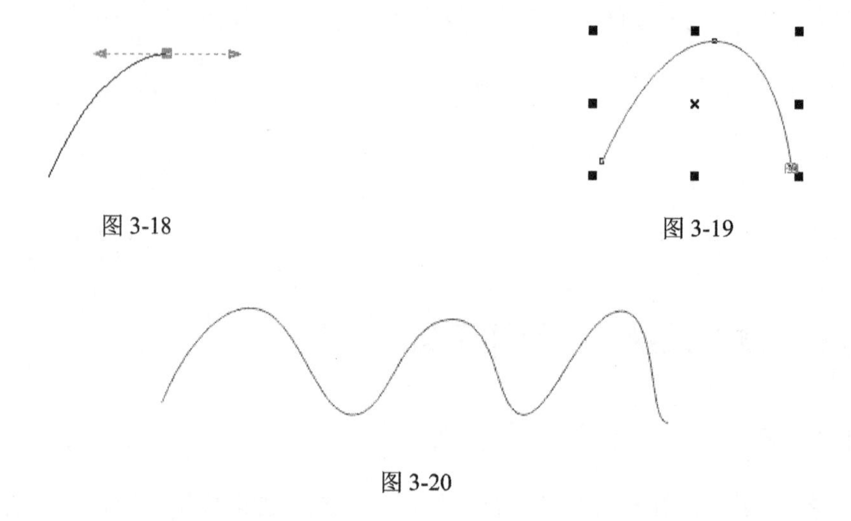

图 3-18

图 3-19

图 3-20

3.2 图形绘制项目实战 2

3.2.1 服装洗涤说明标识的制作

【项目情境】

小欧是富力服装厂设计部的职员，其服装厂让他绘制服装洗涤说明标识，用于衣服标签，小欧立刻着手完成该工作任务。

【项目分析】

制作服装洗涤说明标识需要使用矩形工具、椭圆形工具、多边形工具、贝塞尔工具和文本工具，最终效果如图 3-21 所示，标识为常见标识，简单明了，使人容易理解。

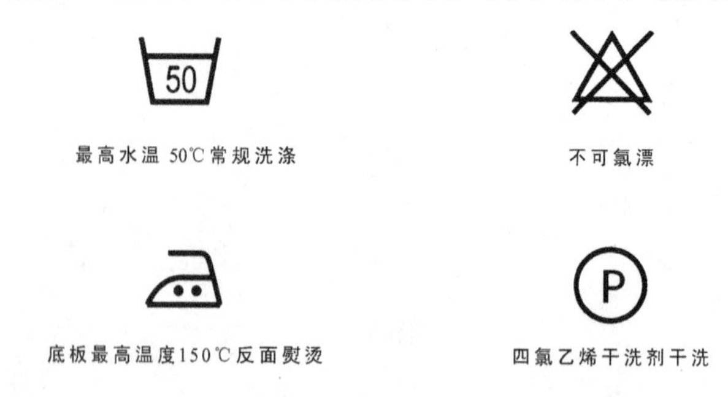

图 3-21

【项目制作过程】

（1）打开 CorelDRAW X7 软件，新建一个页面，分辨率设置为 300，在新建页面的属性对话框中分别设置宽度为 80mm，高度为 50mm，页面尺寸显示为设置的大小。

（2）选择矩形工具，在页面上绘制一个宽度为 25mm、高度为 2mm 和宽度为 20mm、高度为 2mm 的两个图形，填充图形为黑色［CMYK 值为（0、0、0、100）］，轮廓线的宽度设置为 0，效果如图 3-22 所示。

（3）将第一个图形复制出两个，分别顺时针旋转 100° 和 80° ，效果如图 3-23 所示。

（4）按照图 3-24 调整所有图形的位置。

图 3-22　　图 3-23　　图 3-24

（5）选择文本工具，单击空白处输入文字“50”，在文本工具的属性栏中设置字体为 Arial，字号为 36pt，如图 3-25 所示，将文字放置于图形中，如图 3-26 所示。

图 3-25　　图 3-26

（6）选择文本工具，单击空白处输入文字“最高水温 50℃常规洗涤”，在文本工具的属性栏中设置字体为微软雅黑，字号为 18pt，如图 3-27 所示，文字效果如图 3-28 所示。

图 3-27　　图 3-28

（7）调整所有图形的位置，按 Ctrl+G 组合键群组所有图形，效果如图 3-29 所示。

最高水温50°常规洗涤

图 3-29

（8）选择椭圆形工具，按住 Ctrl 键在页面上绘制一个宽度和高度各为 25mm 的正圆（参数设置如图 3-30 所示），轮廓线宽度设置为 1.5，效果如图 3-31 所示。

图 3-30　　图 3-31

（9）选择文本工具字，单击空白处输入文字“P”，在文本工具的属性栏中设置字体为 Arial，字号为 48pt，将文字放置于圆形中，如图 3-32 所示。

（10）选择文本工具字，单击空白处输入文字“四氯乙烯干洗剂干洗”，在文本工具的属性栏中设置字体为微软雅黑，字号为 18pt，调整图形位置，按 Ctrl+G 组合键群组所有图形，效果如图 3-33 所示。

图 3-32　　图 3-33

（11）选择多边形工具，在属性栏的边数输入框中输入“3”，如图 3-34 所示。按住 Ctrl 键绘制一个等边三角形，轮廓线的宽度设置为 1.5，效果如图 3-35 所示。

图 3-34　　图 3-35

（12）选择矩形工具，在页面上绘制一个宽度为 1.5mm，高度为 40mm 的矩形，填充图形为黑色［CMYK 值为（0、0、0、100）］，轮廓线的宽度设置为 0，效果如图 3-36 所示。

（13）将上述图形顺时针旋转 45°，复制一个图形，选择第二个图形，单击属性栏的水平镜像按钮，将其设置为对称图形，调整位置，效果如图 3-37 所示。

（14）将如图 3-35 所示的图形和如图 3-37 所示的图形组合，效果如图 3-38 所示。

图 3-36　　图 3-37　　图 3-38

（15）选择贝塞尔工具，在空白处绘制 3 条曲线，轮廓线的宽度设置为 1.5，如图 3-39 所示，将曲线进行组合，效果如图 3-40 所示。

图 3-39　　　　图 3-40

（16）选择椭圆形工具，按住 Ctrl 键绘制一个宽度和高度均为 4mm 的正圆形，填充图形为黑色［CMYK 值为（0、0、0、100）］，轮廓线的宽度设置为 0，效果如图 3-41 所示。将图形进行组合，效果如图 3-42 所示。

图 3-41　　　　图 3-42

（17）将图形进行排版，框选所有图形并按 Ctrl+G 组合键进行群组，最终效果如图 3-43 所示，完成后保存为 CDR 格式，命名为“服装洗涤说明标识.cdr”。

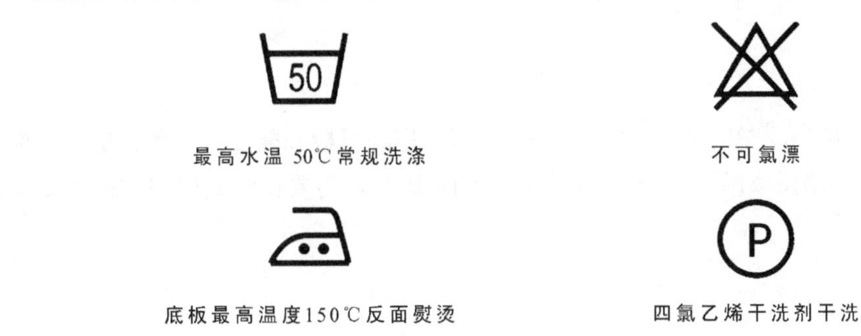

图 3-43

3.2.2 技能链接——矩形工具

1. 绘制矩形

选择矩形工具，在绘图区中按住鼠标左键并拖动到需要的位置，松开鼠标左键即可完成矩形的绘制，如图 3-44 所示。若要绘制正方形，需要在绘制的同时按住 Ctrl 键不放，如图 3-45 所示。

图 3-44　　　　图 3-45

2. 绘制圆角矩形

在页面中绘制矩形后，选中矩形，在矩形属性栏（图 3-46）中设置矩形的边角圆滑度，则可以将矩形边角更改为圆角，边角圆滑度数值越大，圆角效果越明显，如将边角圆滑度设置为 20mm 时，矩形效果如图 3-47 所示。

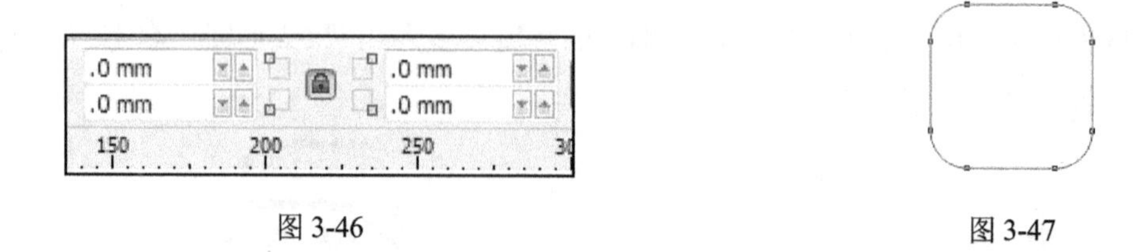

图 3-46　　图 3-47

若想设置单个圆角的效果，可以将属性栏中的锁头去除，即可设置单个圆角的边角圆滑度。

3.2.3 技能链接——圆形工具

1. 绘制椭圆形

选择椭圆形工具，在绘图区中按住鼠标左键并拖动鼠标到需要的位置，松开鼠标左键即可完成椭圆形的绘制，如图 3-48 所示。若要绘制正圆形，需要在绘制的同时按住 Ctrl 键不放，如图 3-49 所示。

图 3-48　　图 3-49

2. 绘制饼形

在页面中绘制圆形后，选中圆形，在圆形属性栏中单击“饼形”按钮（见图 3-50），即可绘制饼形，效果如图 3-51 所示。

图 3-50　　图 3-51

在圆形属性栏中设置饼形的起始和结束角度，可绘制出不同角度的饼形，图 3-52 显示的是各种不同角度下的饼形效果。

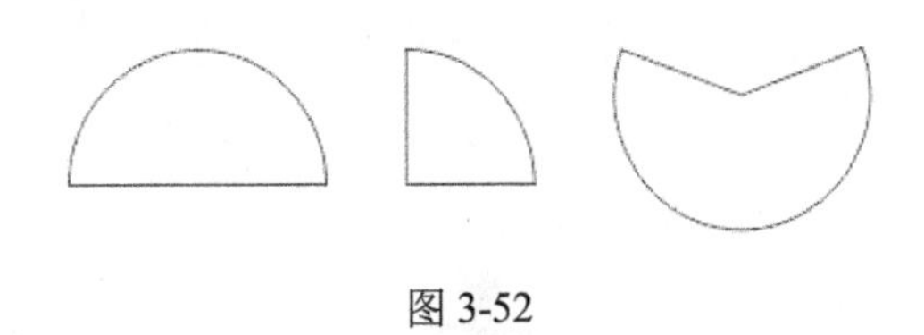

图 3-52

3.2.4 技能链接——多边形工具

1. 绘制多边形

选择多边形工具，在绘图区中按住鼠标左键并拖动鼠标到需要的位置，松开鼠标左键即可完成多边形的绘制，如图 3-53 所示。在多边形属性栏中设置“点数或边数”为其他数值时（见图 3-54），可绘制边数不同的多边形，效果如图 3-55 所示。

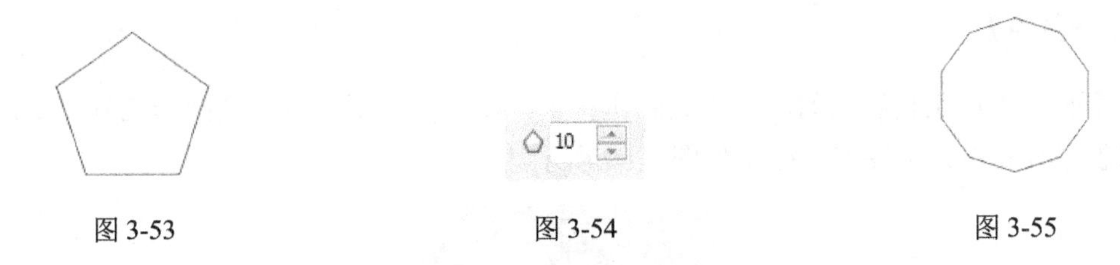

图 3-53　图 3-54　图 3-55

2. 绘制星形

在多边形工具展开栏中选择星形工具，在绘图区中按住鼠标左键并拖动到需要的位置，松开鼠标左键即可完成星形的绘制，如图 3-56 所示。在星形属性栏中设置“点数或边数”为其他数值时（见图 3-57），可绘制多角星形，效果如图 3-58 所示。

图 3-56　图 3-57　图 3-58

课后练习

课后习题 1：制作安全标志

【知识要点】

使用多边形工具和均匀填充工具制作背景。使用圆形工具、贝塞尔工具制作人物图形，效果如图 3-59 所示。

图 3-59

课后习题 2：制作生活标识

【知识要点】

使用圆角矩形工具和均匀填充工具制作背景，使用多边形工具、椭圆形工具、矩形工具和贝塞尔工具制作人物图形，效果如图 3-60 所示。

图 3-60

第 4 章 颜色的填充

【学习目标】

（1）掌握图形颜色填充的操作方法。
（2）掌握透明度工具的功能及操作方法。
（3）掌握天空、草地、树木、水果等常见图形的绘制方法。

4.1 颜色填充项目实战 1

在 CorelDRAW 软件中，可以给图形填充各种不同的色彩，包括单一色、渐变色、图案等，让图形变得色彩丰富、绚丽多姿。

4.1.1 郊外风景图的绘制

【项目情境】

AA 公司刚成立，在装修办公室时打算在墙上挂一幅壁画作为装饰，他们请蓝天广告公司帮忙绘制一个简单清凉的郊外风景图画，蓝天公司接下任务后便开始进行绘制。

【项目分析】

绘制郊外风景图需要使用椭圆形工具、贝塞尔工具、文本工具并合并、群组图形，最终效果如图 4-1 所示，蓝天、绿地、树木及大地汇成和谐舒适的郊外风景。

图 4-1

【项目制作过程】

（1）打开 CorelDRAW X7 软件，新建一个页面，分辨率设置为 300，在新建页面的属性对话框中分别设置宽度为 297mm，高度为 210mm，页面尺寸显示为设置的大小。

（2）选择矩形工具，在页面上绘制一个宽度为 297mm，高度为 210mm 的图形，填充图形为蓝白渐变色［CMYK 值为（0、85、0、0）和（0、0、0、0）］，设置轮廓线的宽度为 0，参数设置如图 4-2 所示，效果如图 4-3 所示。

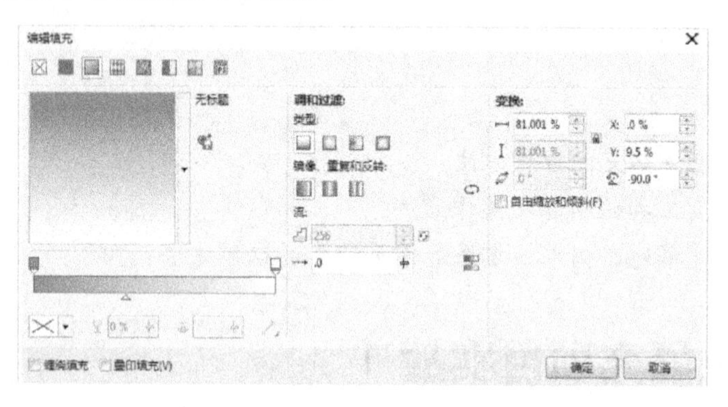

图 4-2

（3）选择贝塞尔工具，在页面上绘制一个图形，效果如图 4-4 所示。

图 4-3

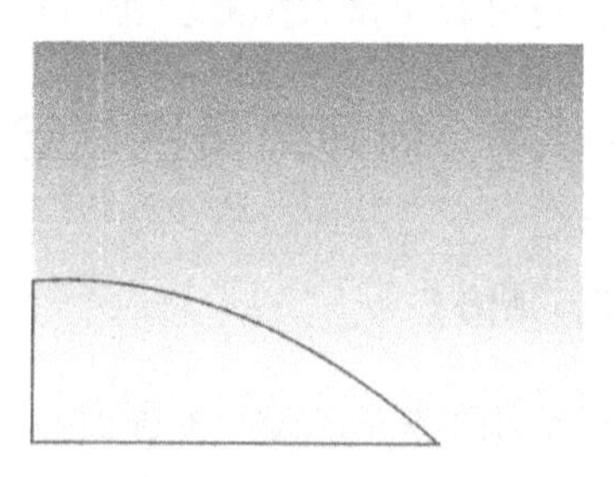

图 4-4

（4）选择步骤（3）所绘的图形，按 F11 键弹出“编辑填充”对话框，单击“渐变填充”按钮，设置渐变色［CMYK 值为（54、0、100、30）和（36、0、100、160）］，设置轮廓线的宽度为 0，参数设置如图 4-5 所示，效果如图 4-6 所示。

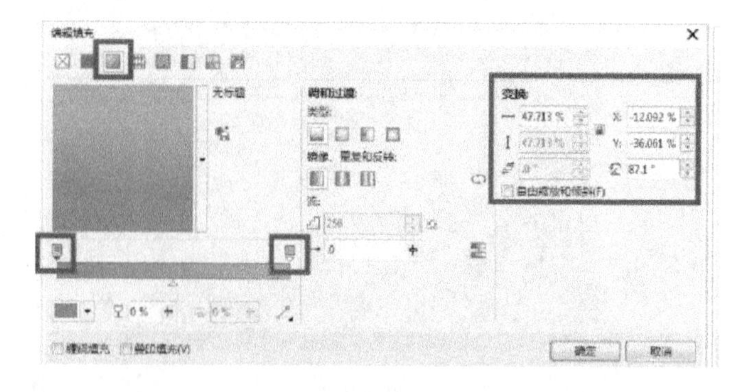

图 4-5

（5）参考步骤（3）和（4），画出另一半草地，效果如图 4-7 所示。

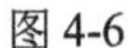

图 4-6

图 4-7

（6）使用椭圆形工具和贝塞尔工具绘制树干和树叶，效果如图 4-8 所示。

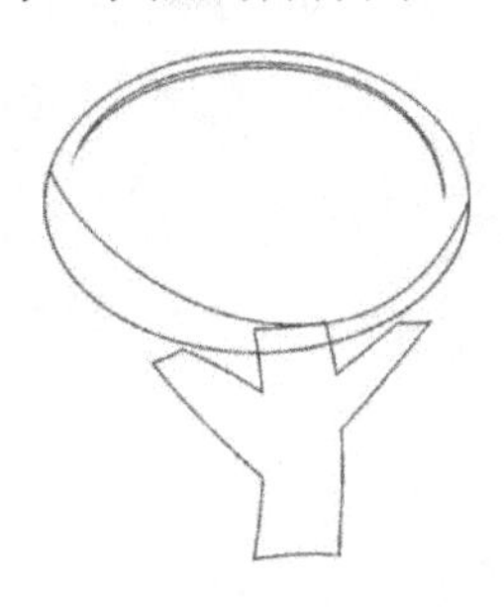

图 4-8

（7）选择步骤（6）所绘的图形，按 F11 键弹出“编辑填充”对话框，单击“均匀填充”按钮（图 4-9），为树干填充褐色［CMYK 值为（43、52、80、38）］，为树叶填充绿色［CMYK 值为（29、5、84、0）］，为树叶阴影填充深绿色［CMYK 值为（68、26、99、1）］，设置轮廓线的宽度为 0，完成颜色填充后将图形群组，效果如图 4-10 所示。

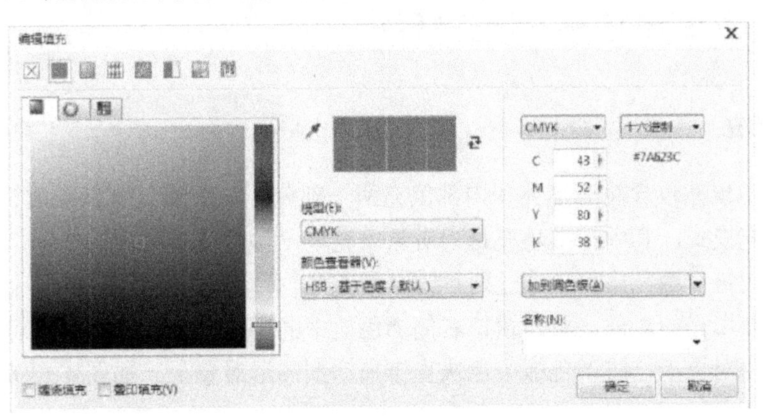

图 4-9

（8）将小树图形复制多个，更改大小后进行排版。

（9）选择贝塞尔工具，绘制小草，按 F11 键弹出“编辑填充”对话框，单击“渐变填充”按钮，设置渐变色［CMYK 值为（13、0、40、0）和（62、0、100、0）］，设置轮廓线的宽度为0，将小草图形复制多个，更改大小后进行排版，效果如图4-11所示。

图4-10

图4-11

（10）将图形进行排版组合，效果如图4-12所示，框选所有图形并按Ctrl+G组合键进行群组，完成后保存为CDR格式，命名为“郊外风景图.cdr。”

图4-12

4.1.2 技能链接——填充颜色

1. 标准填充

对象的标准填充包含轮廓填充和内部填充两个部分。轮廓线只有标准填充模式，内部填充包含多种填充模式，其中标准填充是为对象填充单一颜色。

通过调色板进行填充，可以通过两种方法来完成。

（1）选中要填充的对象，单击窗口右侧调色板中的颜色色标，即可完成对象填充。

（2）在选中对象后，将调色板中色块直接拖动到图形对象上，如图4-13和图4-14所示。

2. 渐变填充

渐变填充可以为对象增加两种或两种以上颜色的平滑渐进色彩效果。渐变的填充方式应用到设计创作中是非常重要的一个技巧，它可用来表现物体的质感，以及在绘图中用来表现非常丰富的色彩变化等。选择图形后按F11键进行渐变色设置，效果如图4-15所示。

图 4-13

图 4-14

图 4-15

4.2　颜色填充项目实战 2

4.2.1　新鲜水果的绘制

【项目情境】

小 Q 是蓝天广告制作公司的员工，他刚接到一个工作任务，水果店老板让其帮忙绘制一些新鲜水果，用于装饰店内，小 Q 接到任务后立即开工。

【项目分析】

绘制新鲜水果需要使用椭圆形工具、形状工具、贝塞尔工具、透明度工具，最终效果如图 4-16 所示。新鲜水果要呈现出色彩鲜明艳丽、立体感强的效果。

图 4-16

【项目制作过程】

（1）打开 CorelDRAW X7 软件，新建一个页面，在新建页面的属性对话框中分别设置宽度为 150mm，高度为 150mm，页面尺寸显示为设置的大小。

（2）选择椭圆形工具，按住 Ctrl 键在页面上绘制一个宽度为 130mm，高度 130mm 的正圆形，如图 4-17 所示。

（3）选择图形，选择“对象”→“转换为曲线”命令（或者按 Ctrl+ Q 组合键）将图形转换为曲线。选择形状工具，对圆形进行调整（效果如图 4-18 所示），填充红色［CMYK 值为（18、93、95、0）］，设置轮廓线的宽度为 0，效果如图 4-19 所示。

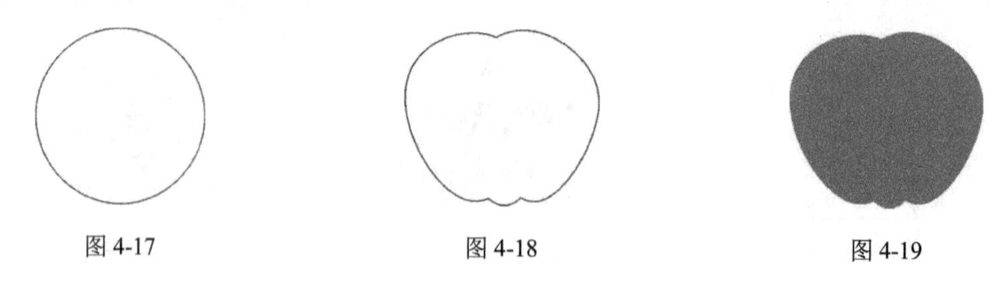

图 4-17　　图 4-18　　图 4-19

（4）复制步骤（3），稍微缩小，按 F11 键填充渐变色，CMYK 值为 0（9、95、91、1），100（5、20、41、0），参数设置如图 4-20 所示，效果如图 4-21 所示。

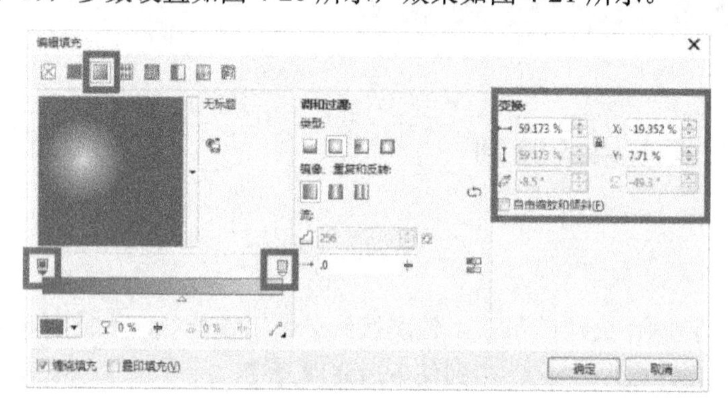

图 4-20

（5）选择贝塞尔工具，绘制苹果的凹陷部分（图 4-22），填充红色，CMYK 值为（9、91、95、1），设置轮廓线的宽度为 0，效果如图 4-23 所示。

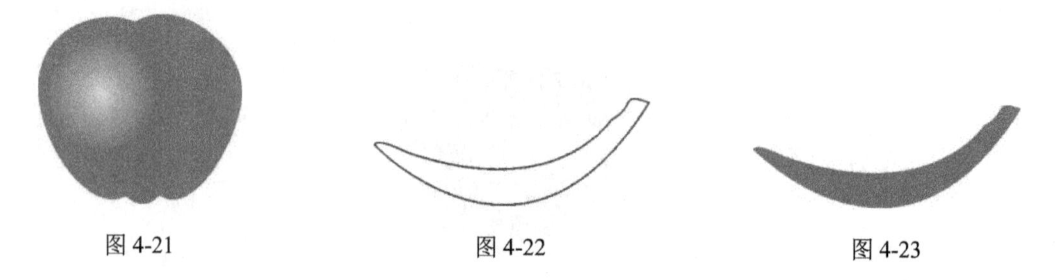

图 4-21　　图 4-22　　图 4-23

（6）选择透明度工具，选择合并模式为乘，透明度为 30，参数设置如图 4-24 所示，效果如图 4-25 所示。

图 4-24

（7）使用相同的方法，选择贝塞尔工具，绘制苹果的阴影部分（图 4-25），填充白色［CMYK 值为（0、0、0、0）］，设置轮廓线的宽度为 0，效果如图 4-27 所示。

（8）选择透明度工具，选择合并模式为常规，透明度为 50，参数设置如图 4-28 所示，效果如图 4-29 所示。

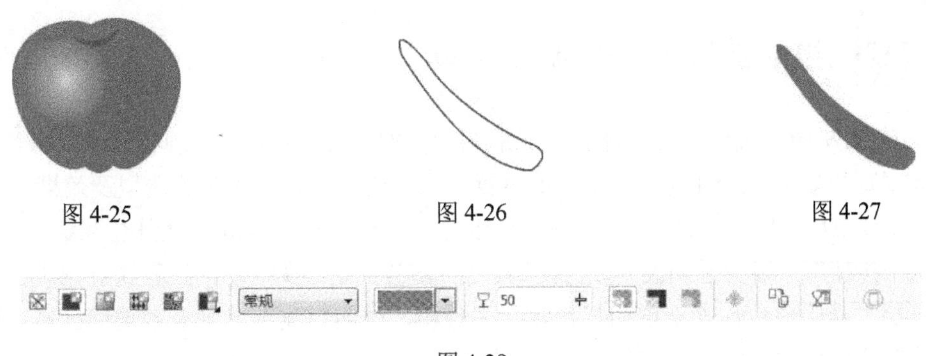

图 4-25　　图 4-26　　图 4-27

图 4-28

（9）选择贝塞尔工具，绘制苹果的柄部（图 4-30），填充底部颜色的 CMYK 值为（13、60、94、2），填充顶部颜色的 CMYK 值为（36、67、91、33），设置轮廓线的宽度为 0，效果如图 4-31 所示。

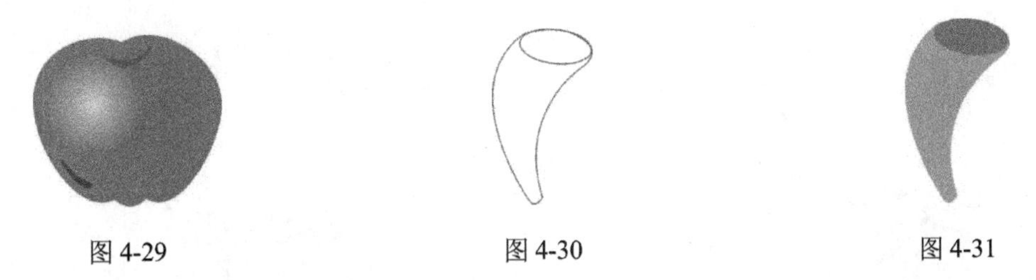

图 4-29　　图 4-30　　图 4-31

（10）选择贝塞尔工具，绘制苹果的柄部阴影部分（图 4-31），填充底部的 CMYK 值为（24、73、90、11），填充顶部的 CMYK 值为（44、95、83、60），设置轮廓线的宽度为 0，效果如图 4-33 所示。

图 4-32　　图 4-33

（11）将图形进行组合，排版，框选所有图形并按 Ctrl+G 组合键进行群组，完成后保存为 CDR 格式，命名为“新鲜水果.cdr”，最终效果如图 4-34 所示。

图 4-34

4.2.2 技能链接——透明度工具

CorelDRAW 中的透明度工具能让绘制的图片更加真实，更好地体现材质的质感，从而使图形具有逼真的效果。通过这些透明度的设置可以很快做出我们想要的造型及效果。

打开 CorelDRAW X7 软件，任意画一个造型，在左边的工具箱中找到透明度工具，默认的是第三个按钮即“渐变透明度”。选择工具之后随意拖动，在拖动的过程中会出现白色和黑色的小方块，其中白色代表不透明，黑色代表透明，中间虚线部分则是半透明区域。可以选定节点设置透明度数值的大小，如图 4-35 所示。

在线性透明、射线透明等常用的透明类型中，通过拖动控制滑杆两端的填充块可以改变透明的角度及位置，可以在滑杆上双击添加新的填充块，并滑动其位置，从而实现不同的透明效果。双击两个小方块中间的虚线部分可以增加透明度节点，再次双击则是删除，如图 4-36 所示。

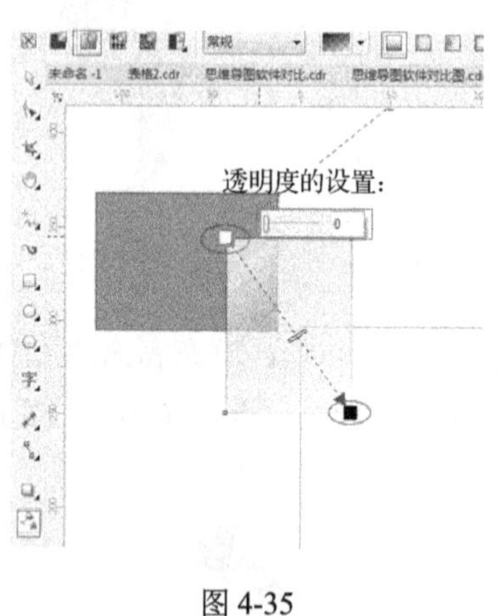

图 4-35

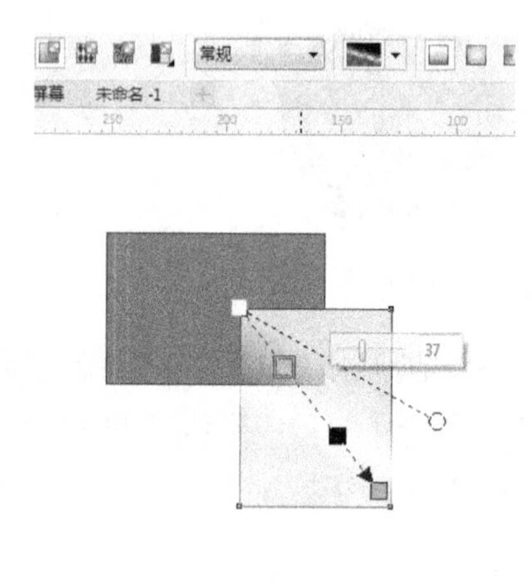

图 4-36

在透明度工具中包含了 4 种渐变透明度类型。

（1）线性渐变透明度。

线性渐变透明度就是应用沿线性路径逐渐更改不透明度的效果，如图 4-36 所示。

（2）椭圆形渐变透明度。

椭圆形渐变透明度是应用从同心椭圆形中心向外逐渐更改不透明度的效果，如图 4-37 所示。

（3）锥形渐变透明度。

锥形渐变透明度是应用以锥形逐渐更改不透明度的效果，如图 4-38 所示。

（4）矩形渐变透明度。

矩形渐变透明度是应用从同心矩形中心向外逐渐更改不透明度的效果，如图 4-39 所示。

透明度的复制：先用透明度工具选择即将要被复制的对象，如图 4-40 所示，然后点击属性栏中的“复制”按钮，即可将透明度进行复制。

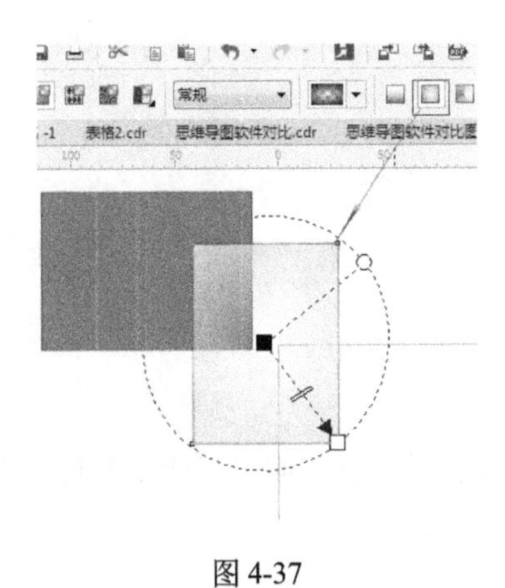

图 4-37

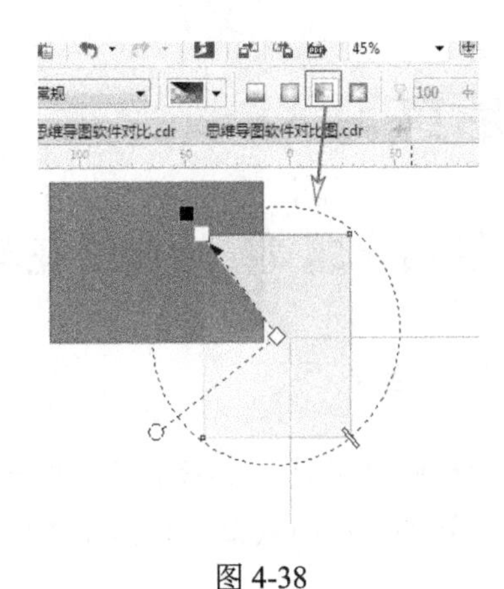

图 4-38

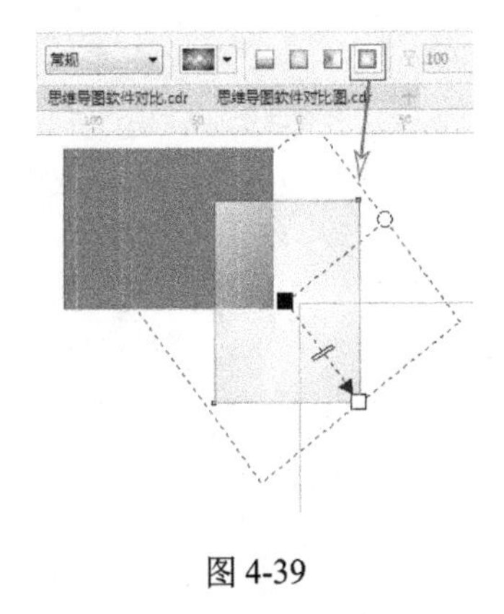

图 4-39

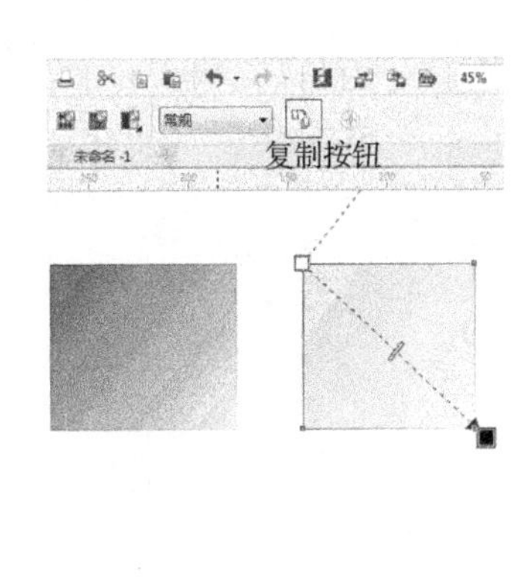

图 4-40

CorelDRAW X7 中均匀透明度的调整：在透明度工具的属性栏中左起第二个就是均匀透明度的填充，可以根据需求调整颜色透明度，值越高，颜色越透明，值越低，颜色越不透明，如图 4-41 所示。

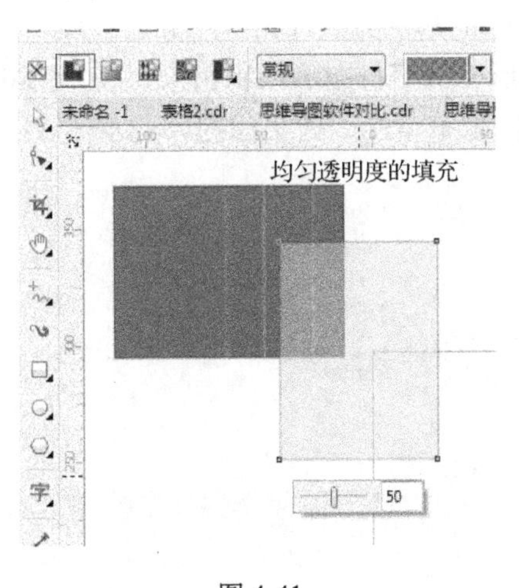

图 4-41

课后练习

课后习题 1：绘制鲜花与花瓶

【知识要点】

使用椭圆形工具、矩形工具、贝塞尔工具等将图形绘制出来，使用形状工具进行调整，使用渐变效果、透明效果让物体立体化，效果如图 4-42 所示。

图 4-42

课后习题 2：绘制海岛椰树

【知识要点】

使用贝塞尔工具、椭圆形工具等将图形绘制出来，使用形状工具进行调整，使用渐变效果、透明效果、填充效果使图形更生动，效果如图 4-43 所示。

图 4-43

第 5 章

文本的加入

【学习目标】

（1）掌握文本工具的功能及操作方法。
（2）掌握字体的设计技巧。
（3）掌握立体化工具的功能及操作方法。
（4）掌握霓虹灯文字、立体化文字的制作方法。

5.1 文字制作项目实战 1

在平面设计中，文字是设计的基本元素之一，文本的添加是很重要的内容，既能起到介绍、说明、解释的作用，对作品来说也能起到很好的修饰作用。

5.1.1 霓虹灯文字效果的制作

【项目情境】

一家新开的 24 小时便利店让蓝天广告公司帮其设计一个醒目的霓虹灯招牌，用于夜晚招揽顾客。

【项目分析】

制作霓虹灯文字效果需要使用椭圆形工具、阴影工具、文本工具，最终效果如图 5-1 所示，风格较为年轻时尚，绚丽的色彩与文字变化使招牌生动绚丽。

图 5-1

【项目制作过程】

（1）打开 CorelDRAW X7 软件，新建一个页面，在新建页面的属性对话框中分别设置宽度为 165mm，高度为 165mm，页面尺寸显示为设置的大小。

（2）选择椭圆形工具，按住 Ctrl 键在页面上绘制一个宽度和高度均为 165mm 的正圆形，填充图形为蓝色［CMYK 值为（100、100、0、0）］，设置轮廓线的宽度为 0，效果如图 5-2 所示。

（3）选择椭圆形工具，按住 Ctrl 键在页面上绘制一个宽度和高度均为 120mm 的正圆形，轮廓线的宽度为 1.3mm，颜色为白色［CMYK 值为（0、0、0、0）］，效果如图 5-3 所示。

图 5-2　　图 5-3

（4）选择里边的圆形，选择“对象”→“将轮廓转为对象”命令（或者按 Ctrl+Shift+Q 组合键），将圆形转为对象。

（5）继续选择里边的圆形，选择阴影工具，在图形上拖出一个阴影，设置透明度为 100，羽化度为 5，颜色为洋红，合并模式为常规，如图 5-4 所示。将圆形复制一个并放大，效果如图 5-5 所示。

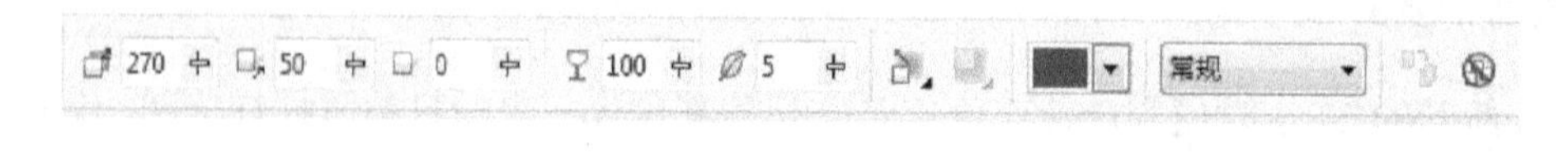

图 5-4

（6）选择文本工具，输入文字“OPEN”，在文本工具的属性栏中设置字体为 Arbeka（可用其他字体代替），字号为 100pt，填充颜色为蓝色［CMYK 值为（50、0、0、0）］，轮廓线的宽度为 1mm，颜色为白色，参数设置如图 5-6 所示，效果如图 5-7 所示。

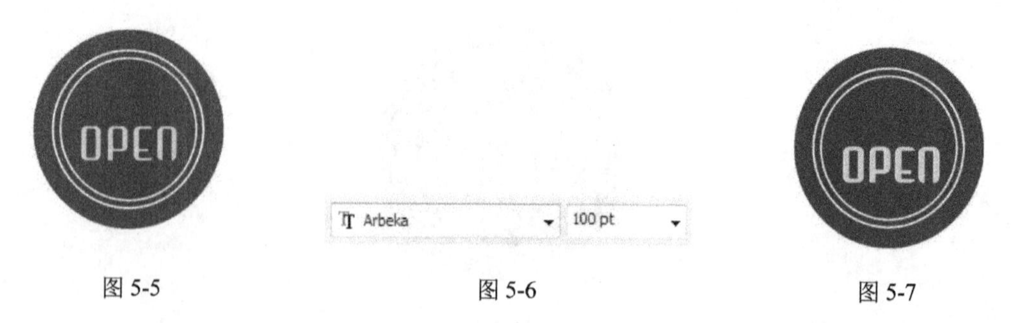

图 5-5　　图 5-6　　图 5-7

（7）选择文字，选择“对象”→“将轮廓转为对象”（或者按 Ctrl+Shift+Q 组合键），再选择文字并右击，选择“顺序”→“向后一层”（或者按 Ctrl+PgDn 组合键），菜单命令如图 5-8 所示，效果如图 5-9 所示。

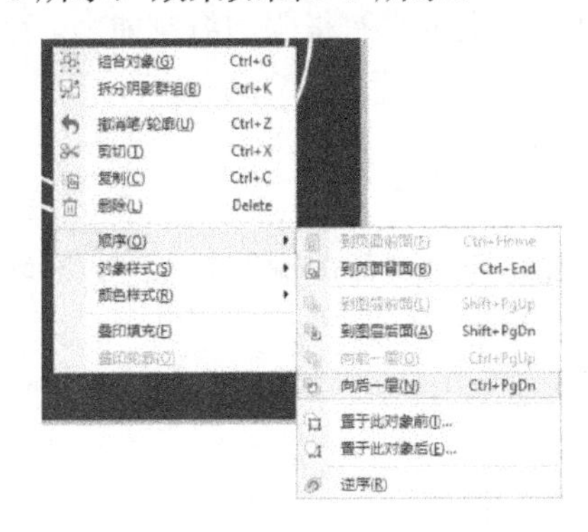

图 5-8

图 5-9

（8）选择文字轮廓，参考步骤（5），为文字添加阴影效果，设置透明度为 100，羽化度为 5，颜色为白色，合并模式为常规，效果如图 5-10 所示。

（9）参考前面的步骤绘制出剩下的部分文字和图形，再将图形进行组合，排版，框选所有图形并按 Ctrl+G 组合键进行群组，最终效果如图 5-11 所示。完成后保存为 CDR 格式，命名为“霓虹灯文字效果.cdr”。

图 5-10

图 5-11

（10）根据实际情况，放置到实景图当中的效果如图 5-12 所示。

图 5-12

5.1.2 技能链接——文本工具

CorelDRAW 软件不仅对图形具有强大的处理功能，对文字也有很强的编排能力，可以使用文本工具添加美术字和段落文本两种文本类型。

1. 美术字文本

选择文本工具，在页面中的任意位置单击，出现光标后，即可输入美术字。在输入过程中可按 Enter 键进行段落换行，效果如图 5-13 所示。

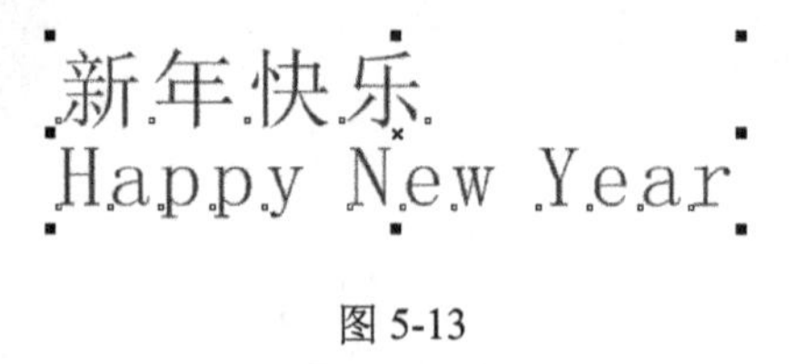

图 5-13

2. 段落文本

输入段落文本和美术字类似，只是在输入段落文本之前必须先画出一个段落文本框，段落文本框是一个任意大小的矩形虚线框，输入的文字受文本框大小的限制。

选择文本工具，在页面中按住鼠标左键拖动出一个矩形框，松开鼠标左键后可拖动矩形框周围的控制点调整矩形大小，在文本框的左上角将出现输入文字的光标，可输入文字。输入文本时，如果文字超过了文本框的宽度，文字将自动换行，这和美术字的换行有区别，如图 5-14 所示。

默认状态下，无论输入多少字，文本框的大小都会保持不变，超出文本框的文字都会被自动隐藏，此时文本框下方居中的控制点会变成文本工具形状，而虚线文本框的颜色由黑变红了，如图 5-15 所示。

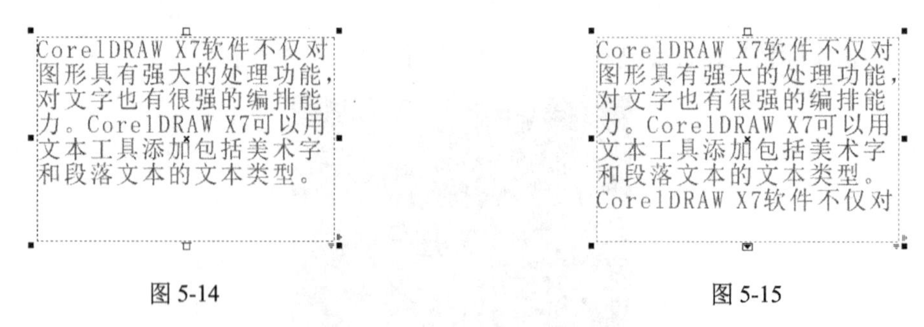

图 5-14　　图 5-15

可以向下拖动文本框下方居中的控制点显示隐藏内容（文本框的宽度不会发生变化），也可拖动文本框周围的控制点将文本框变大来显示出所有文字，当所有文字显示出来时，文本框下方居中的控制点会变成，如图 5-16 所示。

CorelDRAW X7软件不仅对
图形具有强大的处理功能，
对文字也有很强的编排能
力。CorelDRAW X7可以用
文本工具添加包括美术字
和段落文本的文本类型。
CorelDRAW X7软件不仅对
图形具有强大的处理功能，
对文字也有很强的编排能
力。CorelDRAW X7可以用
文本工具添加包括美术字
和段落文本的文本类型。

图 5-16

5.2 文字制作项目实战 2

5.2.1 立体文字的制作

【项目情境】

一家新开的 24 小时便利店请蓝天广告公司帮其设计一个“店长推荐”的便利贴，用于店内商品搞促销活动。

【项目分析】

制作“店长推荐”的便利贴文字效果需要使用立体化工具、文本工具、多边形工具、贝塞尔工具、阴影工具、椭圆形工具，最终效果如图 5-17 所示，文字使用红色和橙色，颜色鲜艳夺目，字体使用立体字，凸显着重性，更加吸引人们的视线。

图 5-17

【项目制作过程】

（1）打开 CorelDRAW X7 软件，新建一个页面，在新建页面的属性对话框中分别设置宽度为 180mm，高度为 180mm，页面尺寸显示为设置的大小。

（2）选择椭圆形工具，按住 Ctrl 键在页面上绘制一个宽度和高度均为 160mm 的正圆形，填充图形为红色［CMYK 值为（0、100、100、0）］，设置轮廓线的宽度为 0，效果如图 5-18 所示。

（3）选择贝塞尔工具，绘制一个三角形，轮廓线的宽度为 0，填充颜色的 CMYK 值为（2、87、100、0），效果如图 5-19 所示。

（4）选择绘制好的三角形，再次单击图形，将图形出现的中心点移至三角形底端，如图 5-20 所示。单击图形右上角的旋转图标向右拖动，复制图形，按 Ctrl+R 组合键重复动作，效果如图 5-21 所示。

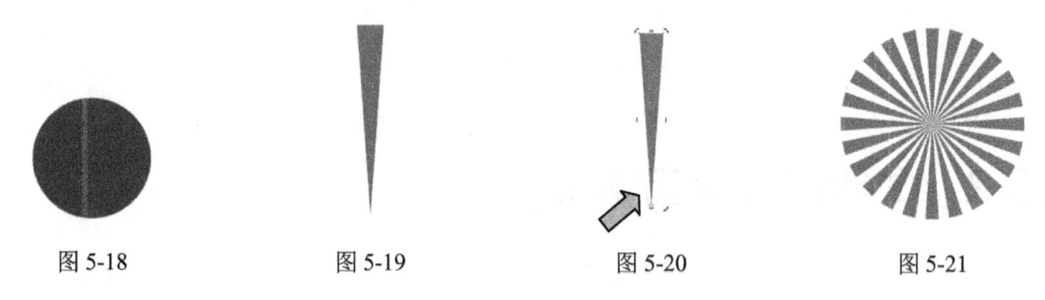

图 5-18　　图 5-19　　图 5-20　　图 5-21

（5）选择图形，选择“对象”→“图框精确裁剪”→“置于图文框内部”命令，将箭头移动至圆形内，单击，将图形置于圆形内，效果如图 5-22 所示。

（6）选择文本工具，单击空白处输入文字“店长推荐”，在文本工具的属性栏中设置字体为迷你综艺体（可用其他字体代替），使用选择工具将字体拖动至合适大小，并将文字排列组合，效果如图 5-23 所示。

图 5-22

店长
推荐

图 5-23

（7）选择多边形工具，绘制一个星形图形，效果如图 5-24 所示。

（8）选择椭圆形工具，绘制几个正圆形，设置为不同的弧线，再进行修改，效果如图 5-25 所示。

（9）将步骤（6）～（8）的文字图形通过按 Ctrl+G 组合键进行组合，再按 Ctrl+Q 组合键将组合后的图形转换成曲线，效果如图 5-26 所示。

图 5-24　　图 5-25　　图 5-26

（10）填充图形为黄色［CMYK值为（0、20、100、0）］，效果如图5-27所示。

（11）选择立体化工具，选定图形对象，向需要添加立体化效果的方向拖动，此时对象上会出现立体化效果的控制虚线，拖动至适当位置后释放鼠标左键，即可完成立体化效果的添加，效果如图5-28所示。

图5-27

图5-28

（12）在立体化工具的属性栏中设置立体化效果的颜色，单击“使用递减的颜色”按钮，设置为从橘色［CMYK值为（0、60、80、0）］到红色［CMYK值为（0、100、100、0）］，参数设置如图5-29所示，效果如图5-30所示。

（13）选择阴影工具，为立体化后的图形添加阴影，效果如图5-31所示。

图5-29

图5-30

图5-31

（14）将图形进行组合，排版，框选所有图形并按Ctrl+G组合键进行群组，最终效果如图5-32所示。完成后保存为CDR格式，命名为“立体文字效果.cdr”。

图5-32

5.2.2 技能链接——文字设计技巧

1. 字体的选择

字体具有不同的形状和大小，并且具有独特的特性和表现力。由于字体可以确定项目的基调，因此选择合适的字体是设计时需重点考虑的事项，如图 5-33 所示。此外，字体还可以促进或阻碍有效的沟通。例如，如果使用难读的字体设计海报，或者设置了错误的字体，那么你的信息就有可能无法有效地传达给目标受众。

新年快乐　Happy New Year

图 5-33

下面是用于选择合适字体的一些基本技巧。

（1）选择最符合设计基调的字体。

（2）选择适合设计的最终输出形式的字体。

（3）不要在文档中使用太多字体，一般规则是在一个文档中最多使用 4 种字体。

（4）确保字体的字符易于阅读和辨认。

（5）选择适合目标受众年龄的字体。

（6）确保标题的字体在放大显示时能够引人注目且美观大方。

（7）确保对正文文本应用可读性高的字体。

（8）如果处理的是多语言文档，则应选择支持多种语言的字体。

2. 文字的变形

将文字转换为曲线，选择形状工具后调整文字上的节点位置，即可进行文字的变形操作，效果如图 5-34 所示。

图 5-34

5.2.3 技能链接—立体化工具

CorelDRAW X7 中的立体化工具所添加的立体化效果是利用三维空间的立体旋转和光源照射的功能，为对象添加上产生明暗变化的阴影，从而制作出逼真的三维立体效果的。使用立体化工具可以轻松地为对象添加上具有专业水准的立体化效果。

立体化工具的具体操作：利用文本工具输入文字，选中文字，选择立体化工具，在对象中心按住鼠标左键，向添加立体化效果的方向拖动，此时对象上会出现立体化效果的控制虚线，拖动至适当位置后释放鼠标左键，即可完成立体化效果的添加，效果如图 5-35 所示。

应用立体化工具拖动控制线中的白色矩形调节钮，可以改变对象立体化的深度，如图 5-36 所示；拖动控制线箭头所指一端的控制点，可以改变立体化消失点的位置，如图 5-37 所示。

图 5-35

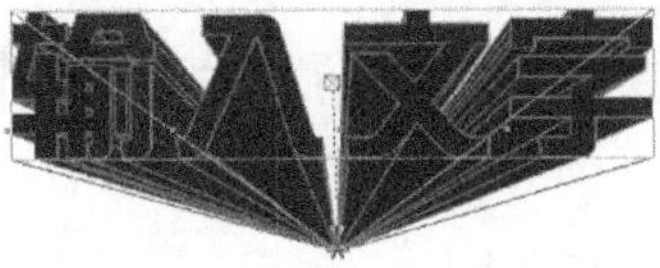

图 5-36

图 5-37

设置立体化效果的颜色，如图 5-38 所示单击“使用递减的颜色”按钮，可以任意选择颜色，设置不同的颜色，效果如图 5-39 所示。

图 5-38

图 5-39

课后练习

课后习题 1：设计文字

【知识要点】

使用文本工具输入文字，使用形状工具进行修改；也可以使用矩形工具、椭圆形工具、贝塞尔工具绘制文字，效果如图 5-40 所示。

图 5-40

课后习题 2：设计衣服文字

【知识要点】

使用文本工具将大致字体字样选出，使用形状工具进行修改（或使用矩形工具、椭圆形工具、贝塞尔工具绘制文字），效果如图 5-41 所示。

图 5-41

第 6 章 实物图形的绘制

【学习目标】

（1）掌握阴影工具、变形工具的功能及操作方法。

（2）掌握折扇、汽车等实物图形的绘制方法。

6.1 实物图形项目实战 1

将实物绘制成图形后，常常可以应用到各种平面设计作品中，它既能表现出实物的真实感，也能将实物图形夸张处理，达到艺术化的目的。

6.1.1 折扇的绘制

【项目情境】

炎炎夏日即将来临，扇子制作工厂需要设计一批折扇进行销售，工厂设计师为了让扇子美观大方又能吸引消费者的注意，想尽了办法。

【项目分析】

绘制折扇需要使用椭圆形工具、贝塞尔工具绘制图形，将图形进行组合体现折扇的真实感。最终效果如图 6-1 所示。扇面图案选用了中国水墨山水画，既有中国风的美感，又能使人们产生清凉感。

图 6-1

【项目制作过程】

（1）打开 CorelDRAW X7 软件，新建一个页面，在新建页面的属性对话框中分别设置宽度为 220mm，高度为 180mm，页面尺寸显示为设置的大小。

（2）选择椭圆形工具，在页面上绘制一个圆形，在对象大小的宽高值中分别输入 175mm 和 87.5mm，选择饼图，角度设置为 0° 和 180°，得出一个扇形。参数设置如图 6-2 所示，效果如图 6-3 所示。

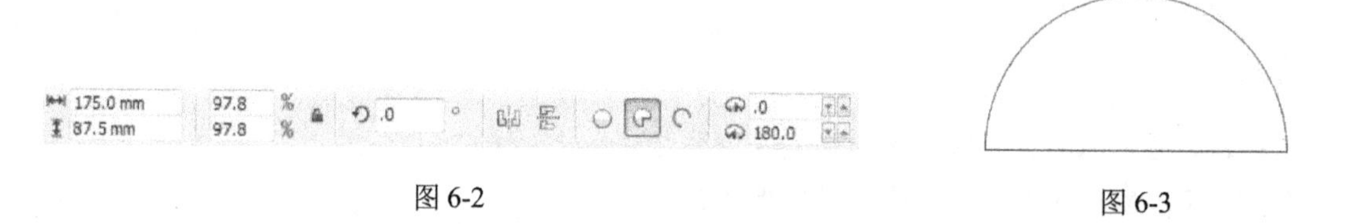

图 6-2

图 6-3

（3）选择椭圆形工具，在页面上绘制一个圆形，在对象大小的宽高值中分别输入 70.0mm 和 35.0mm，选择饼图，角度设置为 0° 和 180°，再次得到一个扇形。参数设置如图 6-4 所示。

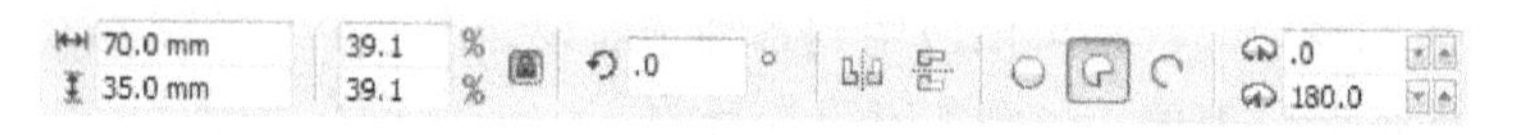

图 6-4

（4）选中两个扇形，选择“排列”→“对齐和分布”命令，弹出“对齐与分布”对话框，参数设置如图 6-5 所示，效果如图 6-6 所示。

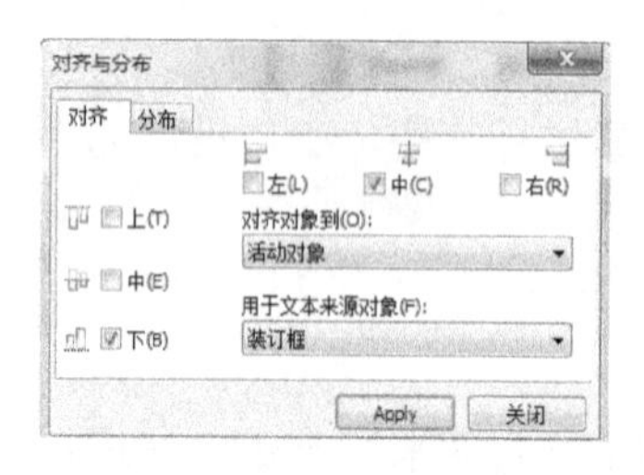

图 6-5

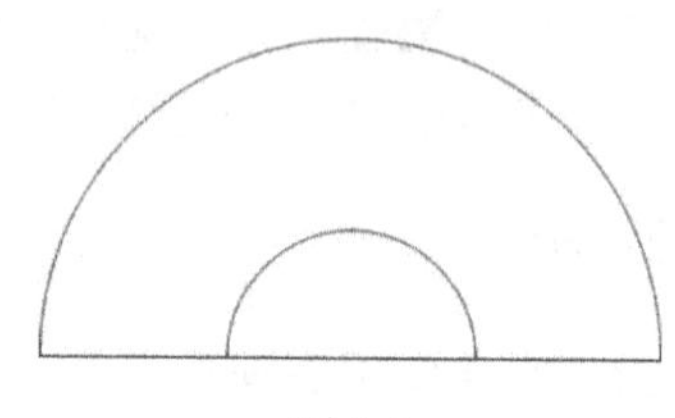

图 6-6

（5）单击属性栏上的“修剪”按钮，删除小扇形后得到如图 6-7 所示的图形。

（6）选择贝塞尔工具，绘制如图 6-8 所示的图形，在属性栏的对象大小处分别输入 35mm 和 2mm。

图 6-7

图 6-8

（7）为图形填充黄色［CMKY 值为（14、67、67、0）］，设置轮廓线的宽度为 0，效果如

图 6-9 所示。

（8）选中绘制好的黄色三角形，单击此图形（图 6-10），将箭头所指的中心圆形拖动至图形右下角，如图 6-11 所示。按住鼠标左键将左上角的双向箭头向上拖动（图 6-12），拖动到相应位置时右击，得到如图 6-13 所示的图形。

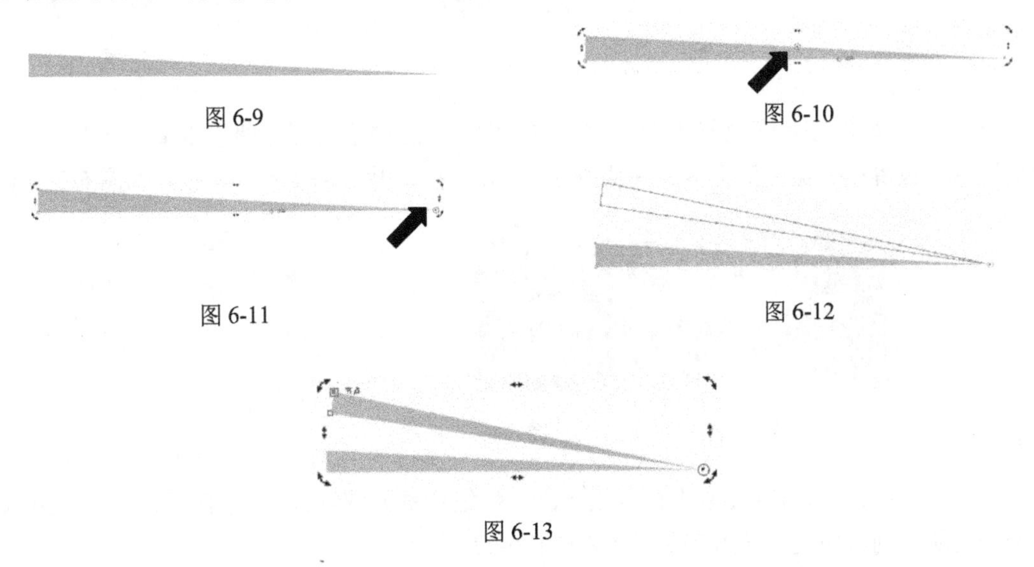

图 6-9

图 6-10

图 6-11

图 6-12

图 6-13

（9）选择“编辑”→“再制”命令，如图 6-14 所示，然后一直重复该操作，直到得到如图 6-15 所示的图形。

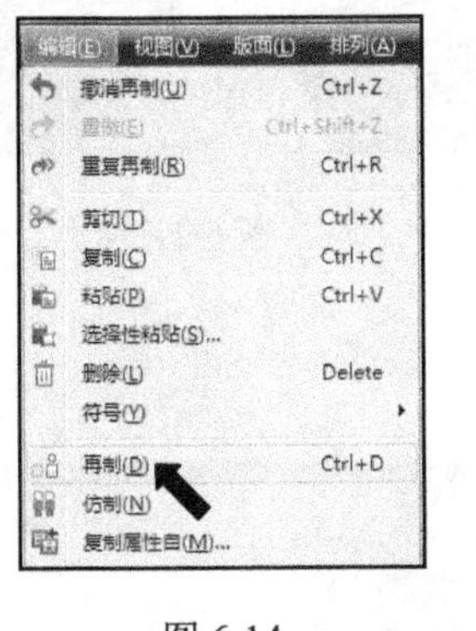

图 6-14

图 6-15

（10）选择椭圆形工具，在页面上绘制一个圆形，在对象大小的宽高值中分别输入 10mm 和 5mm，选择饼图，角度设置为 180° 和 0°，得到一个扇形，填充为黄色［CMKY 值为（14、67、67、0）］，设置轮廓线的宽度为 0，参数设置如图 6-16 所示，效果如图 6-17 所示。

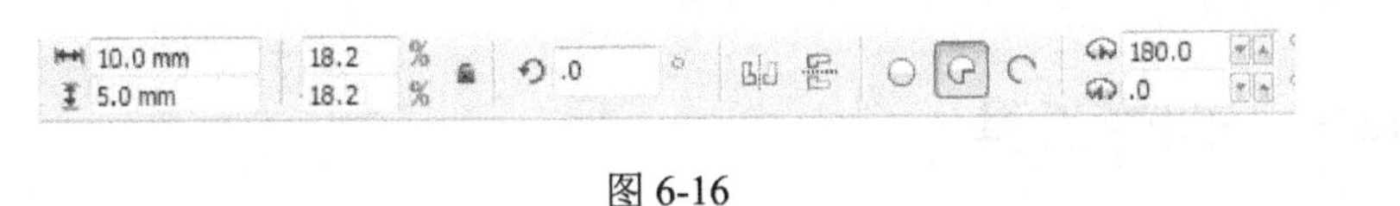

图 6-16

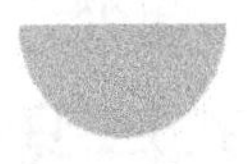

图 6-17

（11）将步骤（5）、（9）、（10）所绘的图形放置于如图 6-18 所示的位置。

图 6-18

（12）将找好的图片素材导入到当前操作界面中，选中素材后选择“效果”→“图框精确剪裁”→“放置在容器中”命令，将素材置入扇形内，如图 6-19 所示，效果如图 6-20 所示。

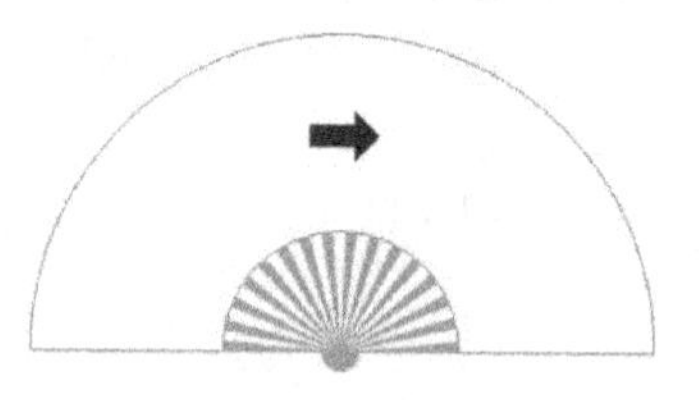

图 6-19

（13）选中扇子的所有元素进行群组（Ctrl+G 组合键），然后选择阴影工具 ，使用鼠标在扇子上从左到右拖动（图 6-21），效果如图 6-22 所示。

图 6-20

图 6-21

图 6-22

（14）完成后保存为 CDR 格式，命名为“折扇的绘制.cdr”。

6.1.2 技能链接——阴影工具

CorelDRAW X7 的强大和易用在于它的一系列交互工具，以阴影工具为例，它的操作和调整十分直观且方便，它可以在对象本身上进行直观的调整，同样也可以在属性栏上精确地调整阴影的方向、颜色、羽化程度等各项属性，并且实时反映到对象上，从而创造出千变万化的阴影效果。相对以前的版本而言，CorelDRAW X7 提供了更多的功能和选项，增强了对阴影效果的控制。

1. 添加阴影效果

选择阴影工具，选中需要制作阴影效果的对象（图 6-23），在对象上从上往下拖动鼠标，即可使图形产生阴影效果，如图 6-24 所示。

2. 编辑阴影效果

在阴影界面的属性栏中，可以编辑阴影效果，有预设列表，包括添加、删除预设、阴影偏移、角度、不透明度及羽化值的调整等。

应用阴影工具拖动阴影控制线中间的白色矩形调节钮，可以调节阴影的不透明度，越靠近白色方块不透明度越低，阴影越淡；越靠近黑色方块（或其他颜色）不透明度越高，阴影越浓，如图 6-25 所示。

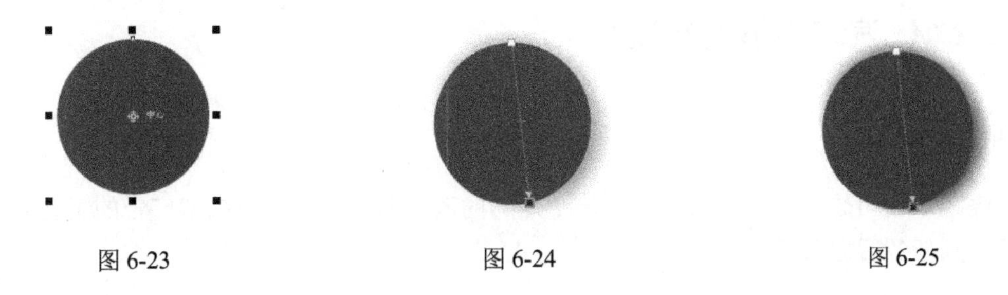

图 6-23　　图 6-24　　图 6-25

怎样改变阴影的颜色？这里有两种方法。

（1）找到属性栏中的阴影颜色，选择颜色单击即可。

（2）用鼠标指针将颜色色块从调色板中拖到黑色方块中，方块的颜色则变为选定色，阴影的颜色也会随之改变为选定色，如图 6-26 所示。

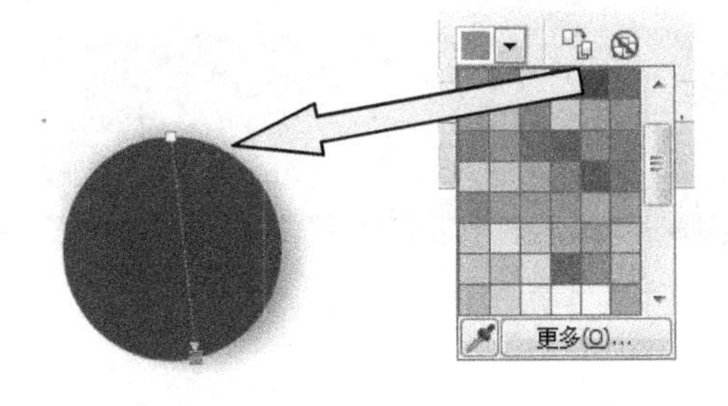

图 6-26

制作好的阴影效果与选定对象动态连接在一起时，如果改变对象的外观，阴影也会随之变化，如图 6-27 所示。

3. 拆分阴影

使用选择工具选中对象和阴影，然后选择对象，拆分阴影群组（或按 Ctrl+K 组合键），即可将图形对象和阴影拆分开，如图 6-28 所示，这时就可以单独选中阴影了。

图 6-27　　图 6-28

6.2 实物图形项目实战 2

6.2.1 汽车图形的绘制

【项目情境】

兰妮跑车公司想让设计师帮忙设计一个炫酷的汽车图形作为他们汽车广告的主要元素，设计师接到任务后立即开工。

【项目分析】

绘制汽车图形需要使用椭圆形工具、贝塞尔工具，最终效果如图 6-29 所示。汽车图形线条流畅，使用鲜艳的橙色，容易吸引人的注意，最大限度地还原了炫酷的跑车外观效果。

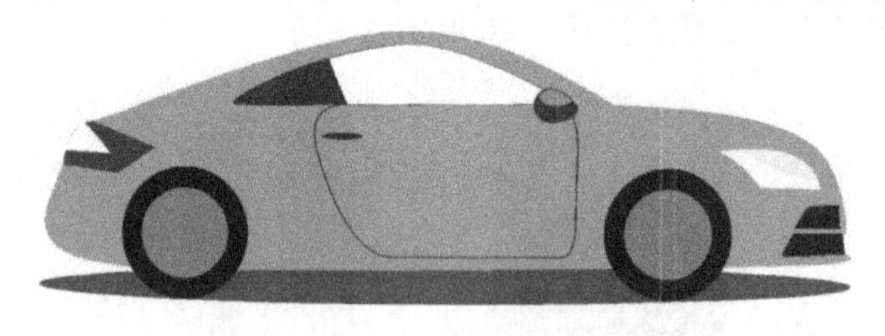

图 6-29

【项目制作过程】

（1）打开 CorelDRAW X7 软件，新建一个页面，在新建页面的属性对话框中分别设置宽度为 220mm，高度为 150mm，页面尺寸显示为设置的大小。

（2）选择贝塞尔工具 ，在页面上绘制一个图形，在对象大小的宽高值中分别输入 175mm 和 50mm，填充为黄色［CMKY 值为（0、60、100、0)]，设置轮廓线的宽度为 0，效果如图 6-30 所示。

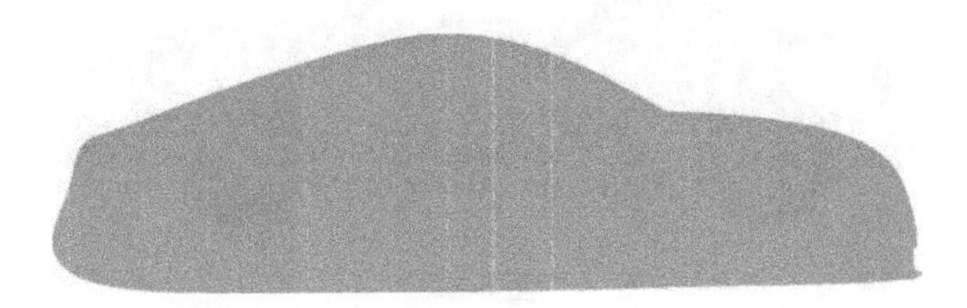

图 6-30

（3）选择椭圆形工具，在页面上绘制一个图形，在对象大小的宽高值中分别输入 28mm 和 28mm，填充为黑色［CMKY 值为（100、100、100、100）］，效果如图 6-31 所示。

（4）选择椭圆形工具，在页面上绘制一个图形，在对象大小的宽高值中分别输入 19mm 和 19mm，填充为黑色［CMKY 值为（0、0、0、70）］，效果如图 6-32 所示。

（5）选中绘制好的两个圆形，选择“排列”→“对齐和分布”命令，弹出“对齐与分布”对话框，设置为居中对齐和底部对齐，效果如图 6-33 所示。

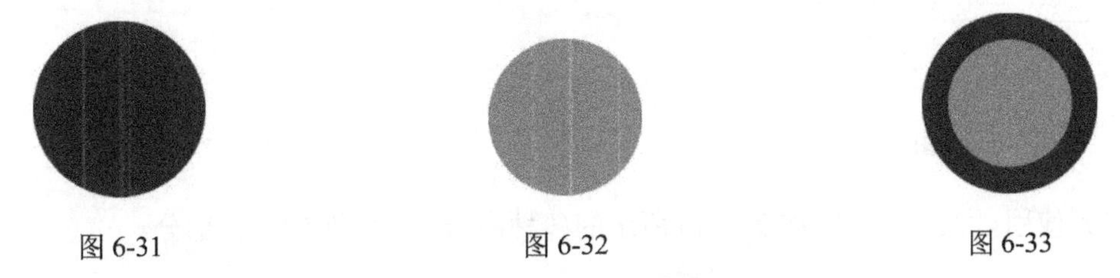

图 6-31　　　　图 6-32　　　　图 6-33

（6）复制步骤（5）的图形，得到两个圆形组合，效果如图 6-34 所示。

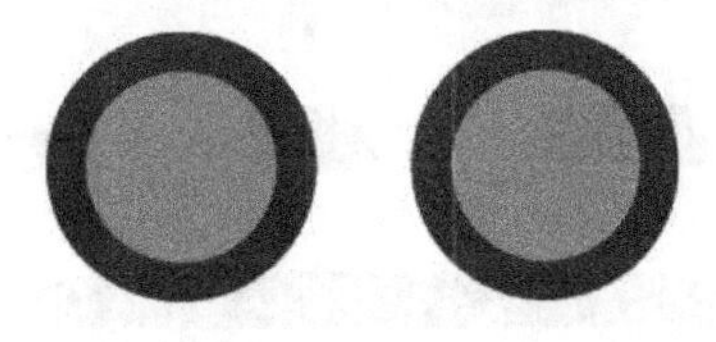

图 6-34

（7）选择贝塞尔工具，在页面上绘制一个图形，在对象大小的宽高值中分别输入 101mm 和 18mm，填充为黑色［CMKY 值为（100、100、100、100）］，设置轮廓线的宽度为 0，效果如图 6-35 所示。

（8）选择贝塞尔工具，在页面上绘制一个图形，在对象大小的宽高值中分别输入 71mm 和 17mm，填充为白色［CMKY 值为（0、0、0、0）］，设置轮廓线的宽度为 0，效果如图 6-36 所示。

图 6-35　　　　图 6-36

（9）将步骤（2）、（6）、（7）、（8）的元素放置于如图 6-37 所示的位置。

图 6-37

（10）选择贝塞尔工具，在页面上绘制一个图形，在对象大小的宽高值中分别输入28mm 和 10mm，填充为黄色［CMKY 值为（1、0、55、0)]，设置轮廓线的宽度为 0，效果如图 6-38 所示。

（11）选择贝塞尔工具，在页面上绘制一个图形，在对象大小的宽高值中分别输入28mm 和 10mm，填充为白色［CMKY 值为（0、0、0、0)]，设置轮廓线的宽度为 0，效果如图 6-39 所示。

图 6-38　　图 6-39

（12）使用以上方法绘制如图 6-40 所示的各种图形作为汽车的零件部分。

图 6-40

（13）选择贝塞尔工具，在页面上绘制一条曲线，在对象大小的宽高值中分别输入39mm 和 22mm，设置轮廓线的宽度为 0.5mm，轮廓线的颜色为黑色［CMKY 值为（100、100、100、100)]，参数设置如图 6-41 所示，效果如图 6-42 所示。

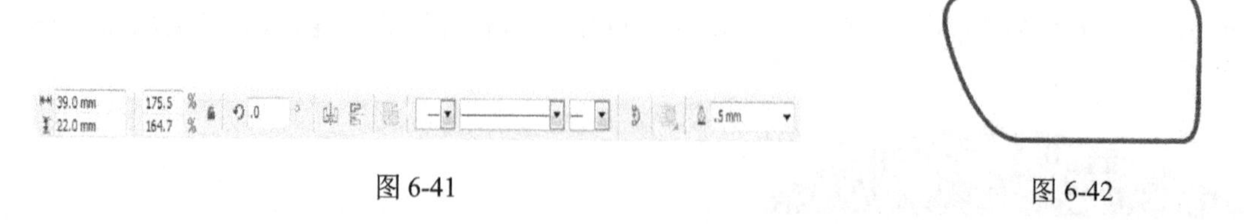

图 6-41　　图 6-42

（14）将步骤（9）～（13）的元素放置于如图 6-43 所示的位置，完成后保存为 CDR 格式，命名为“汽车图形.cdr”。

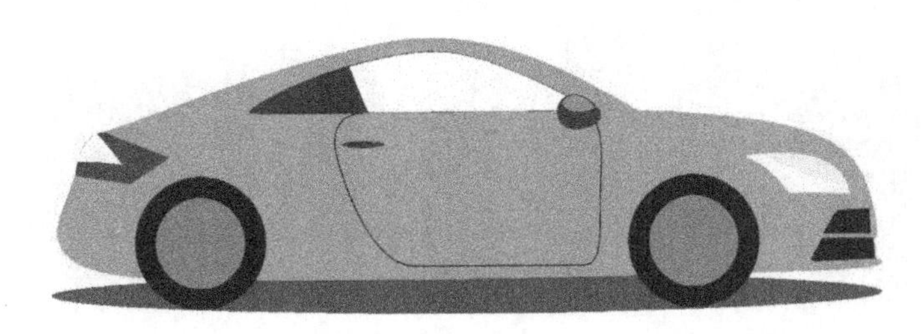

图 6-43

6.2.2 技能链接——变形工具

CorelDRAW X7 的变形工具在控制对象变形方面的效果非常理想，并在变形的过程中，对象始终保持矢量状态。在 CorelDRAW X7 中，可以应用 3 种不同类型的变形，而它产生的效果却是千变万化的，这些都基于那些作为每种类型变形基础的复杂的精确运算。

1. 推拉变形

推拉变形允许向内推进对象的边缘，或向外拉出对象的边缘使其变形。例如，图 6-44 是使用了矩形工具绘制矩形，在工具箱中找到变形工具，在属性栏中单击“推拉变形”按钮，手动设置推拉振幅值（通过数值来控制对象的扩充或收缩效果），多边形的节点向外扩张（也可以选择矩形中心点向外拖动）而产生的推拉效果。

变形后，在图形对象上会显示变形的控制线和控制点，白色菱形控制点用于控制中心点的位置，箭头右侧的白色矩形控制点用于控制推拉振幅。移动矩形的控制点至左侧，或在属性栏中设置推拉振幅为负数，产生的变形效果如图 6-45 所示。

图 6-44　　图 6-45

2. 拉链变形

拉链变形是将锯齿效果应用于对象边缘的一种变形效果，其中可以调整效果的振幅与频率。例如，如图 6-46 所示，绘制一个椭圆，在工具箱中找到变形工具，在属性栏中单击“拉链变形”按钮，手动设置拉链振幅（锯齿的高度）和拉链频率（锯齿的数量），或者直接在图形上拖动也可产生锯齿效果。

变形后，在图像对象上会显示变形的控制线和控制点，如图 6-47 所示，拖动箭头右侧的白色矩形可以调整锯齿效果中锯齿的高度，拖动菱形和箭头中间的白色条状小矩形，可以调整锯齿效果中锯齿的数量。

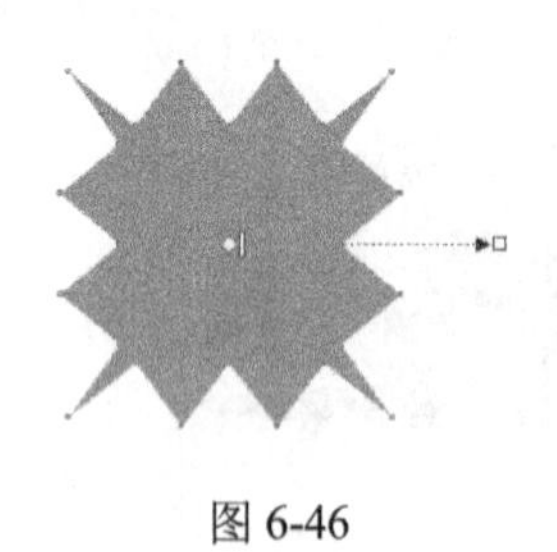

图 6-46

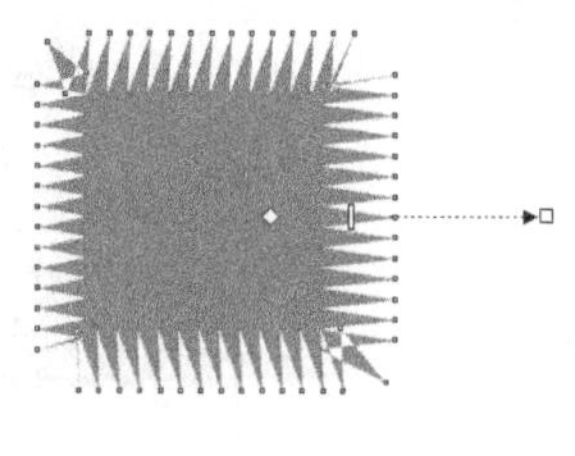

图 6-47

3. 扭曲变形

扭曲变形是将对象旋转出漩涡效果，其中可以调整效果的旋转方向、圈数及度数。例如，如图 6-48 所示，使用椭圆形工具绘制了一个花朵图形，在工具箱中找到变形工具，在属性栏中单击“扭曲变形”按钮，手动设置完整旋转和附加度数，产生的扭曲变形效果如图 6-49 所示。

在属性栏中设置完全旋转圈数，效果如图 6-50 所示。

图 6-48

图 6-49

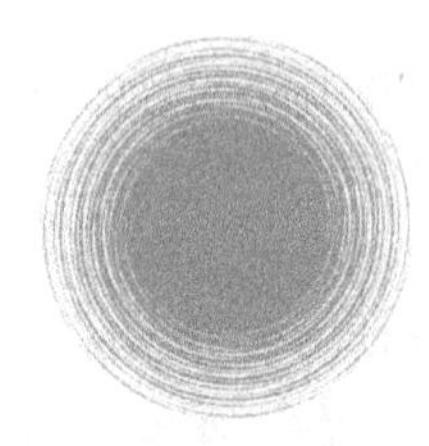

图 6-50

课后练习

课后习题 1：绘制实物水果

【知识要点】

使用椭圆形工具、矩形工具、贝塞尔工具等将图形绘制出来，使用形状工具进行调整，使用渐变效果和透明效果让图形立体化，效果如图 6-51 所示。

图 6-51

课后习题 2：绘制实物雨伞

【知识要点】

使用贝塞尔等工具将图形绘制出来，使用形状工具进行调整，效果如图 6-52 所示。

图 6-52

第 7 章 卡通画的绘制

【学习目标】

（1）掌握形状工具的功能及操作方法。
（2）掌握图形中不同图层顺序的调整操作。
（3）掌握卡通动物、卡通人物等卡通图形的绘制方法。

7.1 卡通画项目实战 1

7.1.1 卡通动物的绘制

【项目情境】

新星幼儿园准备对教室墙体进行重新装修，请设计人员帮其绘制一些卡通画，其中包括动物图形、人物图形等。

【项目分析】

卡通动物图形要求外观上具备动物的相应特征，活泼可爱，颜色鲜明，引人注目。绘制时需要使用椭圆形工具、贝塞尔工具等工具，最终效果如图 7-1 所示。

图 7-1

【项目制作过程】

（1）打开 CorelDRAW X7 软件，新建一个页面，在新建页面的属性对话框中分别设置宽度为200mm，高度为210mm，页面尺寸显示为设置的大小。

（2）选择贝塞尔工具，绘制马的身体，效果如图7-2所示，颜色填充为绿色［CMYK值为（37、2、52、0）］，轮廓线的宽度设置为10mm。

（3）选择贝塞尔工具，绘制马的四肢和耳朵，颜色填充为绿色［CMYK值为（37、2、52、0）］，轮廓线的宽度为10mm，效果如图7-3所示。

（4）选择贝塞尔工具，绘制马的鬃毛和尾巴，颜色填充为深绿色［CMYK值为（77、38、66、0）］，轮廓线的宽度为10mm，效果如图7-4所示。

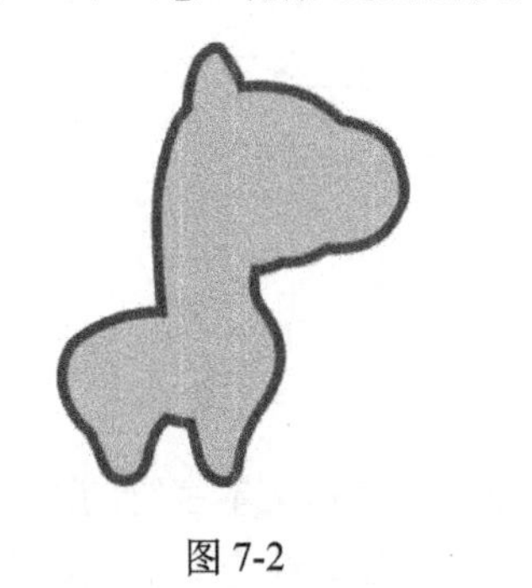
图7-2

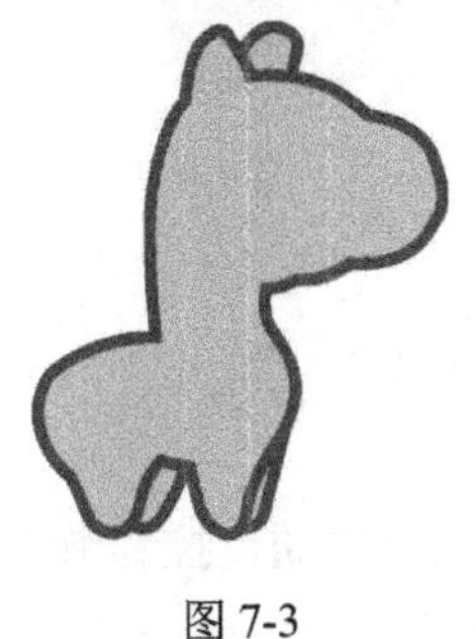
图7-3

图7-4

（5）选择贝塞尔工具，绘制马鞍，颜色填充为蓝色［CMYK值为（71、33、0、0）］，轮廓线的宽度为3.0mm，效果如图7-5所示。

（6）选择贝塞尔工具，绘制马嘴，颜色填充为黄绿色［CMYK值为（24、8、60、0）］，轮廓线的宽度为3.0mm，效果如图7-6所示。

图7-5

图7-6

（7）选择椭圆形工具，绘制椭圆形作为马的眼睛，颜色填充白色部分的CMYK值为（0、0、0、0），黑色部分的CMYK值为（0、0、0、100），蓝色部分的CMYK值为（71、33、0、0），外框轮廓线的宽度为3.0mm，其余轮廓线的宽度为0，眼睛效果如图7-7所示，整体效果如7-8所示。

图7-7

图7-8

（8）选择贝塞尔工具，绘制马的嘴唇和鼻子部分的线条，效果如图 7-9 所示。框选所有图形并按 Ctrl+G 组合键进行群组，完成后保存为 CDR 格式，命名为“卡通马.cdr”。

图 7-9

7.1.2 技能链接——形状工具

CorelDRAW X7 软件中的形状工具可以通过控制节点来编辑曲线对象和文本字符的形状。

针对想要调整的图形对象，选择工具箱中的形状工具，图形上出现若干个节点，选中其中一个节点，右击，选择添加或删除节点的命令来添加或删除节点，如图 7-10 所示。或者将鼠标指针移动到曲线上，双击即可添加一个新节点，若该位置原本就有节点，直接双击节点也可以达到删除节点的目的。

在编辑曲线的过程中，可通过拉伸和收缩调节线（节点两侧的蓝色虚线箭头）来调整曲线形状以达到满意的曲线效果。例如，要对一个圆形进行节点控制，单纯的形状工具的调节是不行的，它不能控制整个圆，要先将当前图形转换成曲线。选中圆形，单击属性栏上的“转换为曲线”按钮（或者按 Ctrl+Q 组合键），就可以在圆形上看到 4 个节点，选中其中一个节点使用形状工具就可以对节点进行调节了。若要选择所有节点，可框选整个图形，也可以单击属性栏上的“选择所有节点”按钮来选中。

形状工具的属性栏上有“转换为直线”和“转换为曲线”两个按钮，若图形已经转换为曲线后，想将某个节点的线条变为直线，可以选中节点，单击“转换为直线”按钮，效果如图 7-11 所示。

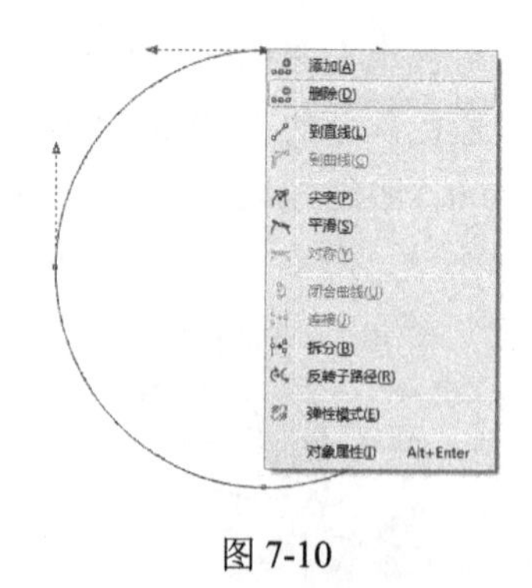

图 7-10

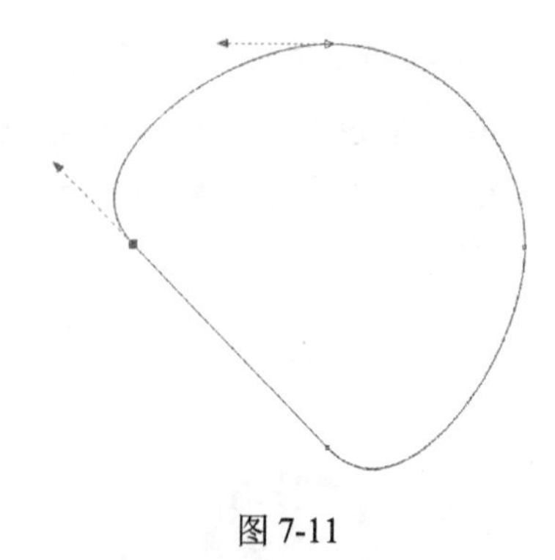

图 7-11

CorelDRAW X7 软件中形状工具的节点包括尖突节点、平滑节点和对称节点 3 个，如

图 7-12 所示。

曲线上的节点控制线在不改变节点属性的情况下进行调整时，调节线只能对称调整，这时节点属于对称节点，可进行拉长、缩短、旋转等调整操作，但都是左右对称且调节线呈现相同角度的，如图 7-13 所示。

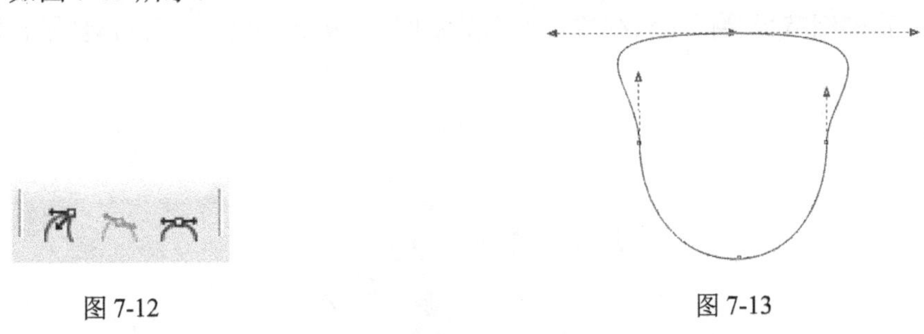

图 7-12　　图 7-13

而当把节点改变为尖突节点时，节点属性发生改变，尖突节点和对称节点是不相同的，不管拉长调节线还是拖动左右调节线呈多少角度，左右调节线都是互不干涉的，可以分别对左右进行调整，如图 7-14 所示。

平滑节点和对称节点类似，都是左右调节线呈相同角度，但是平滑节点只起到两边线平滑的作用，而不像对称节点一样是两边对称的，如图 7-15 所示。

图 7-14　　图 7-15

7.2　卡通画项目实战 2

7.2.1　卡通人物的绘制

【项目情境】

新星幼儿园准备对教室墙体进行重新装修，让设计人员帮其绘制一些卡通画，前一项目已经完成了卡通动物的绘制，现还需添加一些卡通人物图形。

【项目分析】

卡通人物的形象要活泼可爱，颜色要多彩鲜艳，容易吸引孩子们的注意。绘制卡通人物时需要使用贝塞尔等工具，而且在绘制图形时需注意前后顺序，最终效果如图 7-16 所示。该图形将人物的细节描绘得比较细致，动态效果明显，色彩丰富，充分体现了孩童天真活泼的状态。

图 7-16

【项目制作过程】

（1）打开 CorelDRAW X7 软件，新建一个页面，在新建页面的属性对话框中分别设置宽度为 200mm，高度为 210mm，页面尺寸显示为设置的大小。

（2）选择贝塞尔工具，先绘制人物的头发部分，头发的形状如图 7-17 所示，为头发填充两种颜色，CMYK 值为（0、55、95、0）和（0、97、96、0），设置轮廓线的宽度为 0，效果如图 7-17 所示，要注意头发的前后顺序，可使用 Shift+PgUp（上移一个图层）、Shift+PgDn（下移一个图层）组合键来进行调整。

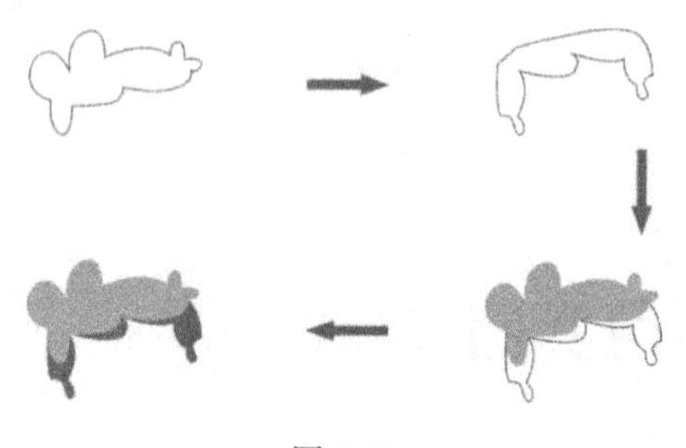

图 7-17

（3）选择贝塞尔工具，绘制脸部部分（图 7-18），为脸部填充颜色，CMYK 值为（2、14、19、0），设置轮廓线的宽度为 0，效果如图 7-19 所示。

图 7-18

图 7-19

（4）选择贝塞尔工具，绘制五官部分，如图 7-20 所示。为眉毛填充颜色，CMYK 值为（2、60、96、0）；为眼睛填充颜色，CMYK 值为（30、87、99、0）；为脸蛋填充颜色，CMYK 值为（0、30、50、0）；为鼻子填充颜色，CMYK 值为（21、63、87、0）；为嘴巴填充颜色，CMYK 值为（18、99、96、0）；为舌头填充颜色，CMYK 值为（0、53、51、0）；为耳蜗填充颜色，CMYK 值为（5、30、50、0），设置轮廓线的宽度为 0，效果如图 7-21 所示。

图 7-20

图 7-21

（5）选择贝塞尔工具，绘制上衣部分，如图 7-22 所示。为衣服填充颜色，CMYK 值为（65、0、90、0）；为衣领填充颜色，CMYK 值为（81、12、95、0）；为衣服阴影填充颜色，CMYK 值为（75、0、97、0）；为衣服褶皱填充颜色，CMYK 值为（84、17、97、0），设置轮廓线的宽度为 0，效果如图 7-23 所示。

图 7-22

图 7-23

（6）选择贝塞尔工具，绘制裤子部分，如图 7-24 所示。为裤子填充颜色，CMYK 值为（60、60、0、0）；为裤子阴影填充颜色，CMYK 值为（67、60、0、0）；为裤子褶皱填充颜色，CMYK 值为（87、76、0、0）；为裤管内部填充颜色，CMYK 值为（87、85、0、0），设置轮廓线的宽度为 0，效果如图 7-25 所示。

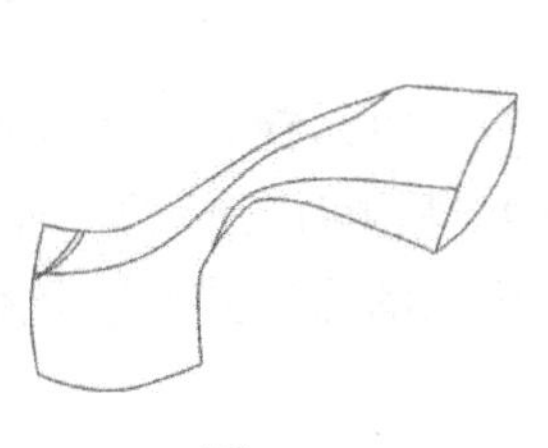

图 7-24

图 7-25

（7）选择贝塞尔工具，绘制四肢部分，如图 7-26 所示。为四肢填充颜色，CMYK 值为（2、14、19、0）；为手部阴影填充颜色，CMYK 值为（2、18、24、0）；为袜子填充颜色，CMYK 值为（3、2、2、0），设置轮廓线的宽度为 0，效果如图 7-27 所示。

图 7-26

图 7-27

（8）选择贝塞尔工具，绘制鞋子部分，如图 7-28 所示。为鞋子填充颜色，CMYK 值为（4、87、89、0）；为鞋子阴影填充颜色，CMYK 值为（12、98、95、0）；为鞋底填充颜色，CMYK 值为（34、100、98、0），设置轮廓线的宽度为 0，效果如图 7-29 所示。

图 7-28　　图 7-29

（9）将所有图形进行调整，注意调整前后顺序，框选所有图形并按 Ctrl+G 组合键进行群组，完成后保存为 CDR 格式，命名为“卡通人物.cdr。”

7.2.2 技能链接——调整图层顺序

CorelDRAW 和 Photoshop 软件一样都有图层，只是 CorelDRAW 不如 Photoshop 直观和明显，CorelDRAW 的图层比较隐蔽而不易让人注意。

例如，如图 7-30 所示，在新建页面上绘制 3 只矢量小猫咪，每只猫咪都是组合好的对象，将 3 只猫咪移动到一起，会出现遮挡状况，这是由于图层的先后顺序造成的，可以清楚地看到它们排列的前后顺序，左边的灰色小猫位于图层最前面，中间的黑色猫咪位于图层第二位，右边的橘色猫咪位于图层最后面。

图 7-30

在 CorelDRAW 软件中调整图层有如下两种方法。

1．方法一

选择“对象”→“顺序”命令，如图 7-31 所示，根据需要在“顺序”子菜单中选择相应的命令。

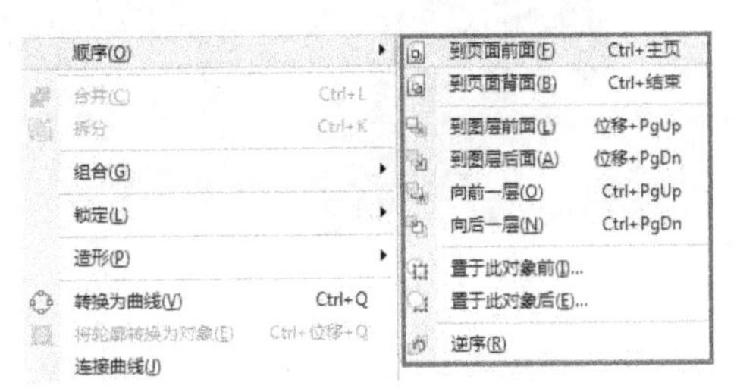

图 7-31

尽管 CorelDRAW 软件的图层没有 Photoshop 软件那样明显，但实际上一幅矢量图作品也是有很多图层的。可以尝试调整图层顺序，如选中右边的橘色猫咪，按 Ctrl+PgUp 组合键可将所选图层向上调整；按 Ctrl+PgDn 组合键可将所选图层向下调整；按 Shift+PgUp 组合键可将所选图层直接调整到最前面的图层；而按下 Shift+PgDn 组合键则可将所选图层直接调整到最底下一层。当习惯了用快捷键进行操作时，能够很大程度地提高绘图效率。

2．方法二

选择“窗口”→“泊坞窗”→“对象管理器”命令，打开如图 7-32 所示的窗口，可以查看对象和图层顺序，进而调整顺序。想要调整哪一个对象，直接单击对象名称，拖动对象到合适的图层即可。

图 7-32

课后练习

课后习题 1：绘制花丛中的动物

【知识要点】

使用贝塞尔、椭圆形等工具将动物形状绘制出来，使用填充工具进行颜色填充，使用图层调整方法进行图形调整，效果如图 7-33 所示。

图 7-33

课后习题 2：绘制玩滑板的儿童

【知识要点】

使用贝塞尔等工具将人物形状绘制出来，使用填充工具进行颜色填充，使用图层调整方法进行图形调整，效果如图 7-34 所示。

图 7-34

第 8 章 标志与名片的设计

【学习目标】

（1）掌握合并工具、修剪工具的功能及操作方法。
（2）掌握标志的设计与制作。
（3）掌握名片的设计与制作。

8.1 标志设计项目实战 1

8.1.1 运动会标志的设计

【项目情境】

小 Q 是蓝天广告制作公司的员工，他刚接到一个工作任务，学校请其帮忙绘制运动会标志，用于校园运动会，小 Q 接到任务后立即开工。

【项目分析】

绘制运动会标志需要使用椭圆形工具、贝塞尔工具、文本工具，最终效果如图 8-1 所示。此标志用运动员的动态作为创意，运动元素和意图表达充分，使标志更具标志性。

图 8-1

【项目制作过程】

（1）打开 CorelDRAW X7 软件，新建一个页面，分辨率设置为 300dpi，在新建页面的属性对话框中分别设置宽度为80cm，高度为85cm，页面尺寸显示为设置的大小。

（2）选择贝塞尔工具，在页面上绘制一个图形，效果如图8-2所示。填充图形为红色［CMYK值为（0、100、100、0）］，设置轮廓线的宽度为0，效果如图8-3所示。

（3）选择椭圆形工具，按住Ctrl键在页面上绘制一个正圆形，填充图形为红色［CMYK值为（0、100、100、0）］，设置轮廓线的宽度为0，效果如图8-4所示。

图8-2　　图8-3　　图8-4

（4）框选前两步骤所绘的图形，在属性栏中单击“合并”按钮将两图形合并，效果如图8-5所示。

（5）选择文本工具，单击空白处输入文字“2080”，在文本工具的属性栏中设置字体为黑体，使用选择工具将字体拖动成合适大小，效果如图8-6所示。

（6）选择文本工具，单击空白处输入文字“BEIJING”，在文本工具的属性栏中设置字体为Arial，使用选择工具将字体拖动成合适大小，并将字体顺时针旋转90°，效果如图8-7所示。

图8-5　　图8-6　　图8-7

（7）选择椭圆工具，按住Ctrl键在页面上绘制一个正圆形，轮廓线的宽度设置为5.0mm，选中该圆进行复制，将两个圆形调整位置后按Ctrl+G组合键进行群组，效果如图8-8所示。

（8）选择步骤（5）～（7）的图形进行大小和位置的调整，调整好以后框选图形并按Ctrl+G组合键进行群组，效果如图8-9所示。

图8-8　　图8-9

（9）选择文本工具，单击空白处输入文字“校园运动会”，在文本工具的属性栏中设置字体为迷你综艺体（可用其他字体代替），效果如图8-10所示。

（10）将各图形进行排版，效果如图 8-11 所示，框选所有图形并按 Ctrl+G 组合键进行群组，完成后保存为 CDR 格式，命名为“运动会标志.cdr。”

校园运动会

图 8-10

图 8-11

8.1.2 技能链接——合并工具

在 CorelDRAW 软件中，使用属性栏中的合并工具合并两个或多个对象，可将这些对象变为一个整体图形。可以合并的对象包括矩形、椭圆形、多边形、星形、螺纹等图形。

合并与群组的区别：合并是把多个不同对象合成一个新的对象，其对象属性也随之发生改变；群组只是单纯地将多个不同对象暂时组合一起，各个对象的属性不会发生改变，可以随时分开为原有图形。

如图 8-12 所示，选择两个或者两个以上的图形，单击属性栏中的“合并”按钮将两个图形合并，最终效果如图 8-13 所示。

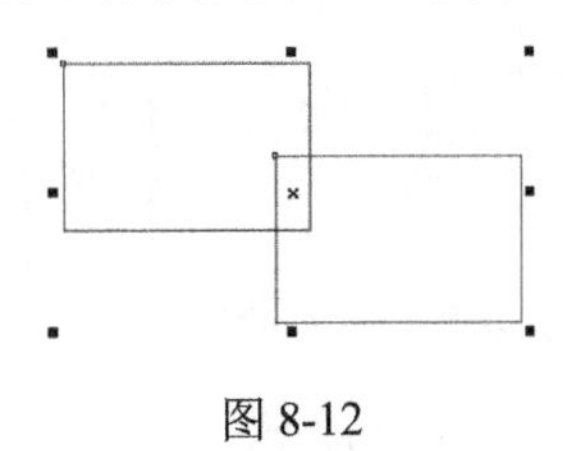

图 8-12

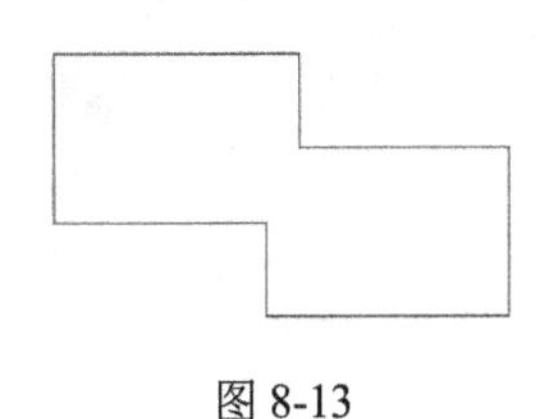

图 8-13

8.2 标志设计项目实战 2

8.2.1 合智联创公司标志的设计

【项目情境】

合智联创股份有限公司准备成立，为了树立良好的企业形象，公司打算请人帮忙设计一个醒目的企业标志，蓝天广告制作公司的小 T 接到任务后马上开始投入设计工作。

【项目分析】

设计合智联创股份有限公司的标志需要使用矩形工具、贝塞尔工具绘制图形，使用文本工具输入需要的文字，最终效果如图 8-14 所示。此标志用盾牌作为创意，表达出一种团结一致，坚不可摧的团队精神。

图 8-14

【项目制作过程】

（1）打开 CorelDRAW X7 软件，新建一个页面，分辨率设置为 300dpi，在新建页面的属性对话框中分别设置宽度为 180mm，高度为 220mm，页面尺寸显示为设置的大小。

（2）选择贝塞尔工具，在页面上绘制 3 个图形，轮廓线设置为黄色［CMYK 值为（44、67、100、5）］，轮廓线的宽度设置为 3.5mm，参数设置如图 8-15 所示，效果如图 8-16 所示。

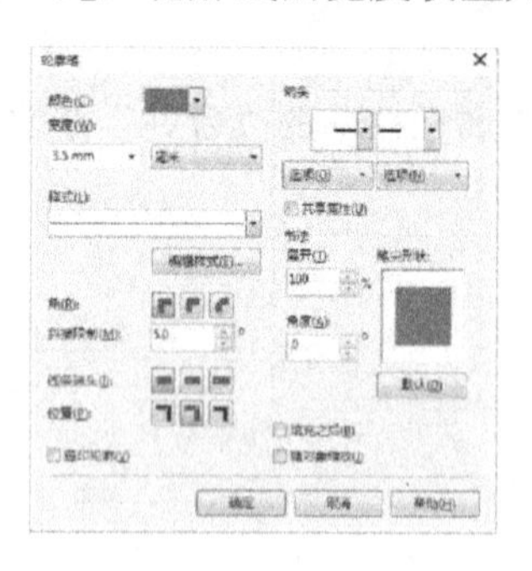

图 8-15

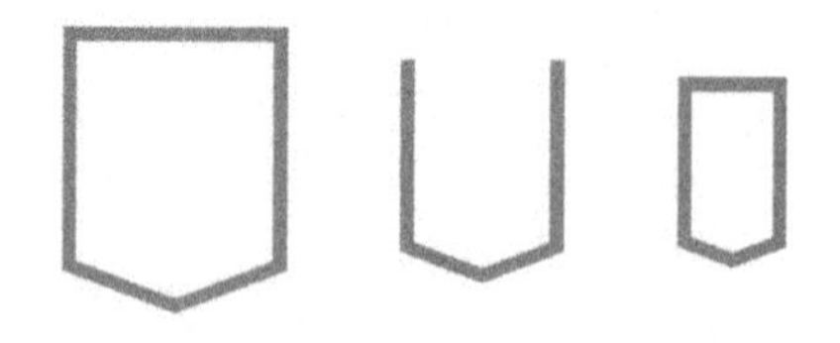

图 8-16

（3）选中已绘制好的图形，通过按 Ctrl+Shift+Q 组合键逐个将图形转换为面，调整位置后将 3 个图形群组，效果如图 8-17 所示。

（4）选择矩形工具，绘制一个小矩形，加选已绘制好的图形，单击“修剪”按钮进行修剪，效果如图 8-18 所示。再删除小矩形，效果如图 8-19 所示。

图 8-17

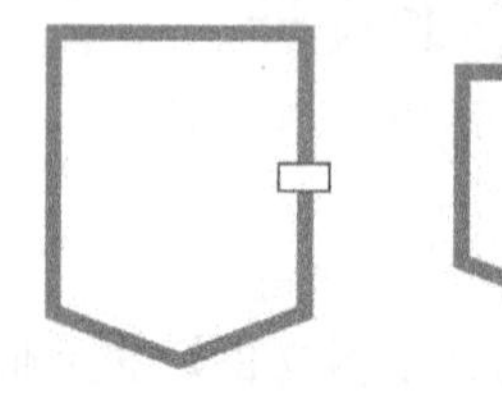

图 8-18

图 8-19

（5）选择文本工具字，输入文字“合智联创”，在文本工具的属性栏中设置字体为方正中雅宋，字号为 90pt，填充为黄色［CMYK 值为（44、67、100、5）］，参数设置如图 8-20 所示，效果如图 8-21 所示。

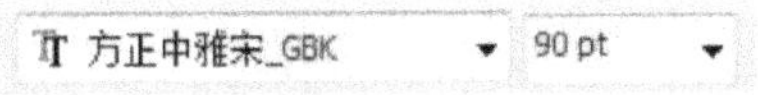

方正中雅宋_GBK　90 pt

图 8-20

合智联创

图 8-21

（6）选择矩形工具，绘制两个小矩形放置于文字两边，效果如图 8-22 所示。

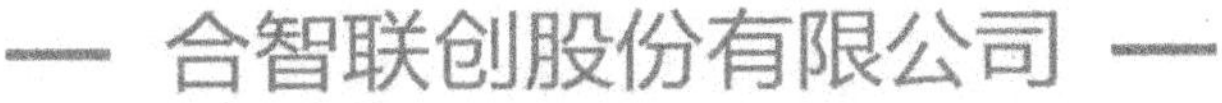

— 合智联创股份有限公司 —

图 8-22

（7）将步骤（4）～（6）的图形及文本放置于如图 8-23 所示的位置，完成后保存为 CDR 格式，命名为“合智联创公司标志设计.cdr”。

图 8-23

8.2.2 技能链接——修剪工具

在 CorelDRAW 软件中的修剪工具是通过移除重叠的对象区域来创建形状不规则的对象的。修剪对象前，必须决定修剪哪一个对象（目标对象），以及用哪一个对象执行修剪（源对象）。

选择两个或者两个以上的图形，先选择修剪的图形再选择被修剪的图形（图 8-24），单击属性栏中的“修剪”按钮将图形进行修剪，效果如图 8-25 所示。

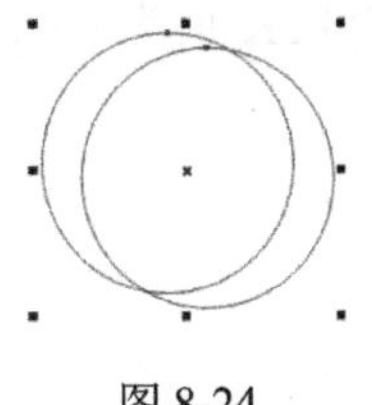

图 8-24

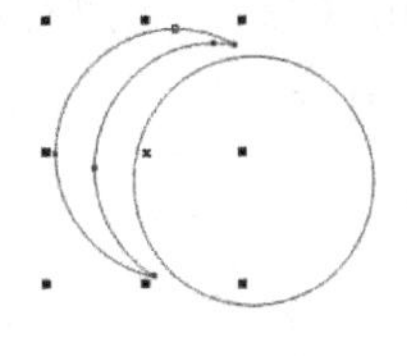

图 8-25

8.3 名片设计项目实战：公司名片的设计

【项目情境】

小 Q 刚完成手头的一个设计项目，黑酷公司又让其帮忙设计一个公司名片，用于外交沟通，小 Q 又开始忙活起来了。

【项目分析】

设计公司名片需要使用矩形工具、椭圆形工具、贝塞尔工具、文本工具、调和工具、合并和群组绘制图形，最终效果如图 8-26 所示。此名片使用蓝色色块作为主元素，画面干净整洁，信息清晰明了，整体大气美观。

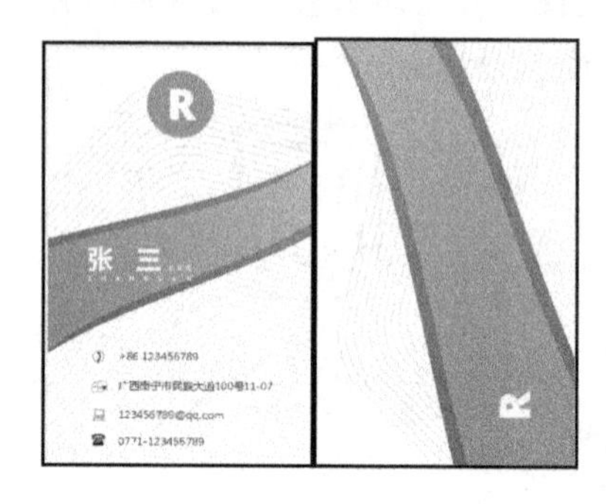

图 8-26

【项目制作过程】

（1）打开 CorelDRAW X7 软件，新建一个页面，分辨率设置为 300dpi，在新建页面的属性对话框中分别设置宽度为 54mm，高度为 89mm，页面尺寸显示为设置的大小。

（2）选择矩形工具，绘制一个宽度为 54mm，高度为 89mm 的矩形，填充图形为白色［CMYK 值为（0、0、0、0）］，取消轮廓线，效果如图 8-27 所示。

（3）选择贝塞尔工具，绘制一条曲线，效果如图 8-28 所示。复制曲线，将第二条曲线放置于下方，使用调和工具复制曲线，设置调和步长数为 30，效果如图 8-29 所示。将曲线全选并按 Ctrl+G 组合键进行群组，设置线条颜色为灰色［CMYK 值为（0、0、0、70）］，效果如图 8-30 所示。

图 8-27　　图 8-28　　图 8-29

（4）选中步骤（3）所绘的图形，选择“对象”→“图框精确剪裁”→“置于图文框内部”命令，将图形放置于矩形框内，效果如图 8-31 所示。

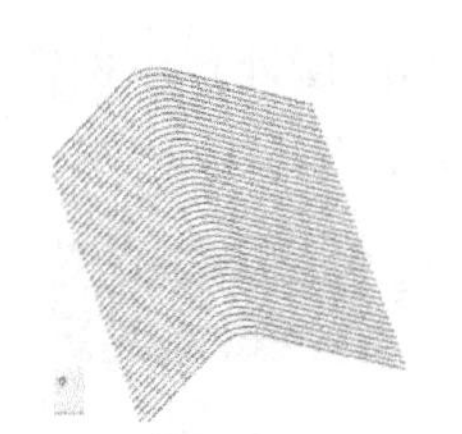

图 8-30

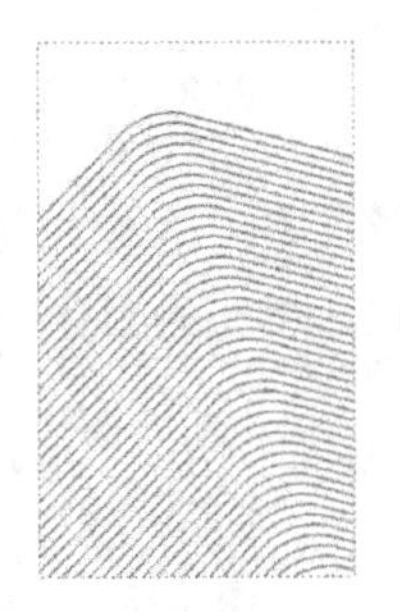

图 8-31

（5）选择椭圆形工具，按住 Ctrl 键绘制一个正圆形，填充图形为蓝色［CMYK 值为（80、5、10、0）］。

（6）选择文本工具，输入文字“R”，在文本工具的属性栏中设置字体为微软雅黑，并将文字加粗，填充文字为白色［CMYK 值为（0、0、0、0）］，效果如图 8-32 所示。

（7）选择贝塞尔工具，在页面上绘制如图 8-33 所示的图形，按 F11 键弹出“编辑填充”对话框，单击“渐变填充”按钮，设置蓝色渐变色，CMYK 值分别为（75、30、10、15）和（60、30、10、0）。

图 8-32

图 8-33

（8）选择贝塞尔工具，在步骤（7）所绘图形的后方绘制如图 8-34 所示的图形，按 F11 键弹出“编辑填充”对话框，单击“渐变填充”按钮，设置蓝色渐变色，CMYK 值分别为（100、80、50、25）和（65、15、0、0）。将该图形与步骤（7）所绘的图形放置在一起，效果如图 8-35 所示。

图 8-34

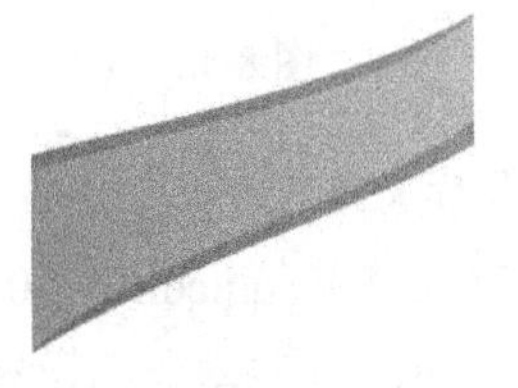

图 8-35

（9）选择文本工具，输入文字“张三”，在文本工具的属性栏中设置字体为微软雅黑，加粗，字号为 16pt，填充为白色，参数设置如图 8-36 所示，效果如图 8-37 所示。

图 8-36　　图 8-37

（10）选择文本工具，输入文字“总经理”，在文本工具的属性栏中设置字体为微软雅黑，字号为 3pt，填充为白色，参数设置如图 8-38 所示，效果如图 8-39 所示。

图 8-38　　图 8-39

（11）选择文本工具，输入文字“ZHANGSAN”，在文本工具的属性栏中设置字体为微软雅黑，字号为 3pt，填充为白色，参数设置如图 8-40 所示，效果如图 8-41 所示。

图 8-40　　图 8-41

（12）选择“文本”→“插入字符”命令，弹出“插入字符”对话框，如图 8-42 所示，在“Wingdings”字体中选择以下 4 种符号复制出来，效果如图 8-43 所示。

图 8-42　　图 8-43

（13）选择文本工具，逐个输入文字“+86 123456789”“广西南宁市民族大道 100 号 11-07”“123456789@qq.com”“0771-123456789”，在文本工具的属性栏中设置字体为微软雅黑，字号为 6pt，将字体全部设置为黑色［CMYK 值为（100、100、100、100）］，参数设置如图 8-44 所示，效果如图 8-45 所示。

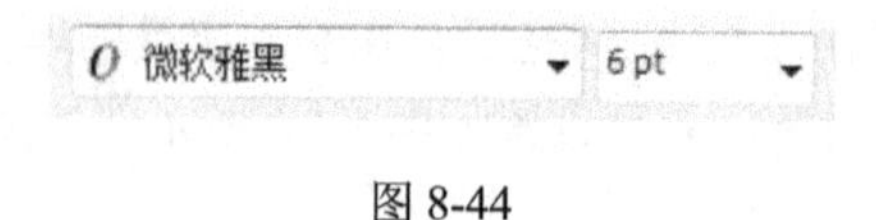

图 8-44

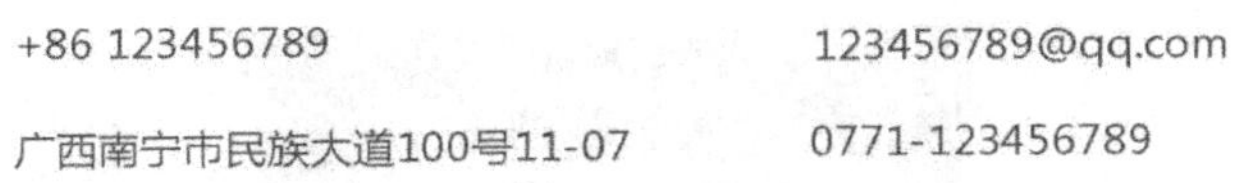

+86 123456789
123456789@qq.com
广西南宁市民族大道100号11-07
0771-123456789

图 8-45

（14）运用前面的步骤制作名片背面，背面效果如图 8-46 所示。

R

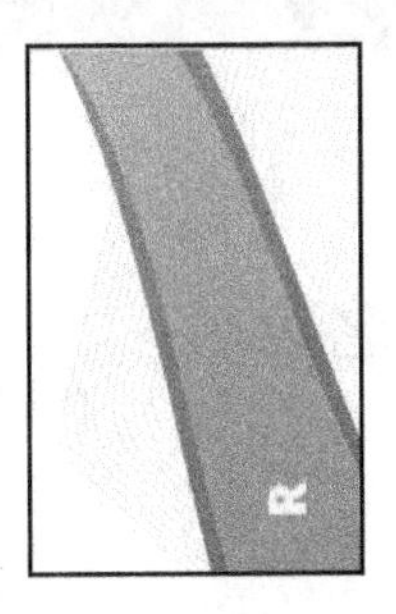

图 8-46

（15）将图形进行排版，框选所有图形并按 Ctrl+G 组合键进行群组，完成后保存为 CDR 格式，命名为“公司名片.cdr”，最终效果如图 8-47 所示。

R
张 三
+86 123456789
广西南宁市民族大道100号11-07
123456789@qq.com
0771-123456789
R

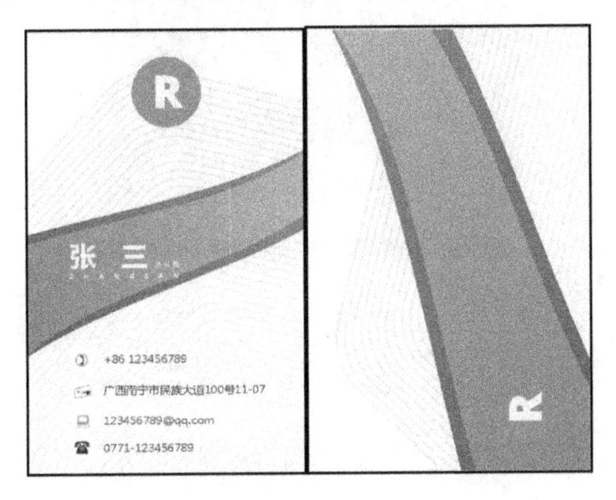

图 8-47

课后练习

课后习题 1：设计汽车博览会会标

【知识要点】

使用贝塞尔工具绘制汽车外部形状，使用合并工具、修剪工具制作汽车内部图形，效果如图 8-48 所示。

图 8-48

课后习题 2：设计商务名片

【知识要点】

使用多边形工具和均匀填充工具制作背景，使用文本工具、贝塞尔工具、多边形工具制作名片内容，效果如图 8-49 所示。

图 8-49

第 9 章 封面设计

【学习目标】

（1）掌握调和工具的功能及操作方法。
（2）掌握文学书籍、时尚杂志等封面的设计与制作。

9.1 书籍封面设计项目实战 1

9.1.1 文学书籍封面的设计

【项目情境】

出版社每年都接到大量的书籍出版任务，而每本书在出版前都必须经过封面、封底的设计步骤，现出版社刚接到一本文学书籍的出版任务，接下来就要为此书设计封面。

【项目分析】

文学书籍的封面一般会根据书籍内容表现得比较感性，此书写的是与青春期的迷茫、孤独等相关的内容，因此在设计上可用孤独的人物素材与书籍标题文字相结合，反映出人物内心的情绪。设计该书籍的封面需要导入图片素材，使用矩形工具绘制图形，使用透明度工具设置图片效果，使用文本工具输入和编辑文字，最终效果如图 9-1 所示。

图 9-1

【项目制作过程】

（1）打开 CorelDRAW X7 软件，新建一个页面，在新建页面的属性对话框中分别设置宽度为 210mm，高度为 297mm，页面尺寸显示为设置的大小。

（2）双击矩形工具，复制出一个与页面相同大小的矩形，效果如图 9-2 所示。

（3）把找好的素材放入 CorelDRAW X7 界面，效果如图 9-3 所示。

图 9-2

图 9-3

（4）选中素材，选择“对象”→“图框精确裁剪”→“置于图文框内部”命令，将黑色箭头移动至矩形内（图 9-4），单击，效果如图 9-5 所示。

图 9-4

图 9-5

（5）选择矩形工具，绘制一个矩形，在属性栏的对象大小中分别输入 186mm 和 106mm，填充白色，参数设置如图 9-6 所示，效果如图 9-7 所示。

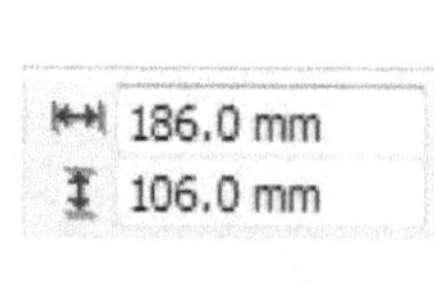

图 9-6

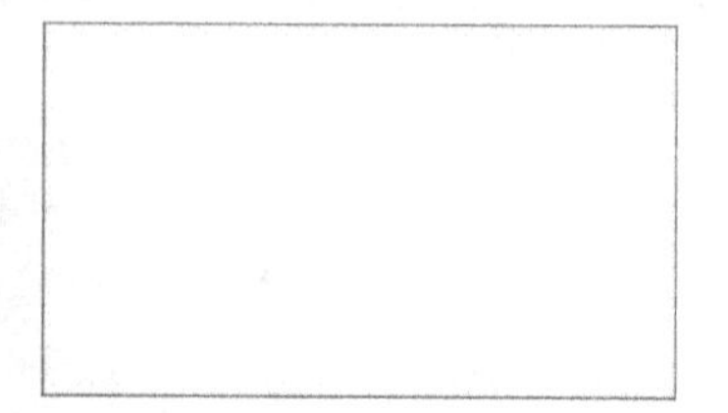

图 9-7

（6）选中绘制好的矩形，填充白色，选择透明度工具，在透明度操作中选择“如果更亮”，参数设置如图 9-8 所示，效果如图 9-9 所示。

（7）将矩形拖入步骤（4）的矩形中，放置在如图 9-10 所示的位置。

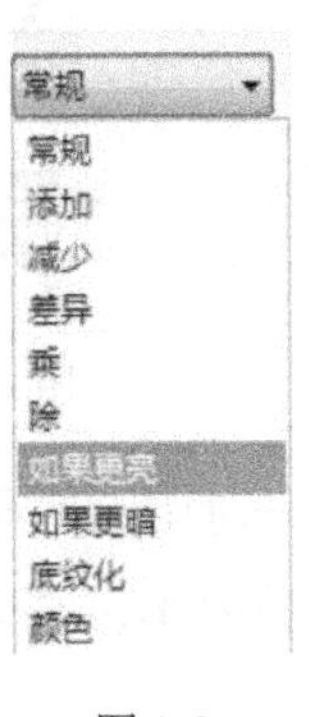

图 9-8

图 9-9

图 9-10

（8）选择文本工具，输入文字“你的孤独　虽败犹荣”，在文本工具的属性栏中设置字体为方正中雅宋（可用其他字体代替），字号为 50pt，在文本工具的属性栏中单击“将文本改为垂直方向”按钮，参数设置如图 9-11 所示，效果如图 9-12 所示。

图 9-11

图 9-12

（9）复制文字，放置于原文字上方，稍稍移动到左侧，填充为黄色[CMYK 值为（13、20、46、0）]，效果如图 9-13 所示。

（10）选择调和工具（图 9-14），选中置于上方的黄色字体，拖动至下方的黑色字体上，效果如图 9-15 所示。

图 9-13

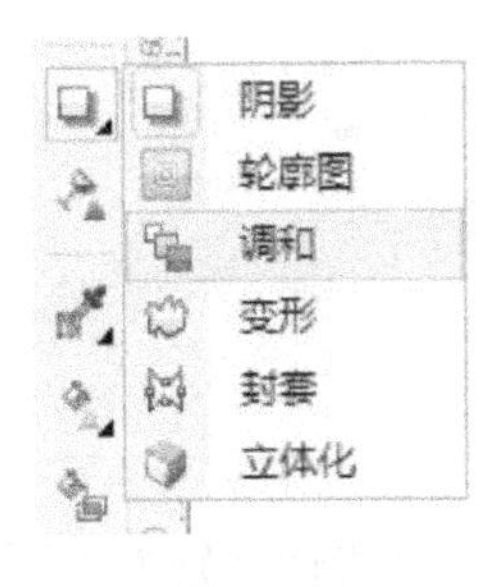

图 9-14

图 9-15

（11）选择文本工具，输入文字“刘同”，在文本工具的属性栏中设置字体为宋体，字号为 40pt，单击“将文本改为垂直方向”按钮，参数设置如图 9-16 所示，效果如图 9-17 所示。

（12）选中字体，打开默认调色板，在调色板的黑色块上右击（设置字体轮廓线的颜色为黑色），然后单击调色板的无颜色按钮（设置字体填充颜色为无），使用轮廓图工具，为字体设置宽度为 0.5mm，效果如图 9-18 所示。

图 9-16　　图 9-17　　图 9-18

（13）选择文本工具字，输入文字“谁的青春　不迷茫”，在文本工具的属性栏中设置字体为宋体，字号为 17pt，单击“将文本改为垂直方向”按钮，参数设置如图 9-19 所示，效果如图 9-20 所示。

图 9-19　　图 9-20

（14）选择文本工具字，输入文字“别人看你愈发稳重，波澜不惊　你看自己却是寡言少句，触目惊心　其实孤独并不可怕　只要你学会了自己与自己对话”，在文本工具的属性栏中设置字体为宋体，字号为 11.5pt，单击“将文本改为垂直方向”按钮，参数设置如图 9-21 所示，效果如图 9-22 所示。

图 9-21　　图 9-22

（15）选择文本工具字，输入文字“愿你比别人更不怕一个人独处　愿日后谈起时你会被自己感动”，在文本工具的属性栏中设置字体为宋体，字号为 11.5pt，单击“将文本改为垂直方向”按钮，参数设置如图 9-23 所示，效果如图 9-24 所示。

（16）选择文本工具字，输入文字“As long as you are here”，在文本工具的属性栏中设置字体为方正中雅宋（可用其他字体代替），字号为 10pt，参数设置如图 9-25 所示，效果如图 9-26 所示。

宋体　11.5 pt

图 9-23

愿你比别人更不怕一个人独处
愿日后谈起时你会被自己感动

图 9-24

方正中雅宋_GBK　10 pt

图 9-25

As long as
you are here

图 9-26

（17）选择文本工具，输入文字“某某出版社 CHINA”，在文本工具的属性栏中设置字体为微软雅黑，加粗，字号为 10pt，参数设置如图 9-27 所示，效果如图 9-28 所示。

图 9-27

某某出版社 CHINA

图 9-28

（18）将前面步骤所编辑好的所有文本放置于如图 9-29 所示的位置，完成后保存为 CDR 格式，命名为“书籍封面设计.cdr”。

图 9-29

9.1.2 技能链接——调和工具

CorelDRAW X7 中的调和是矢量图制作中的一个非常重要的功能，使用调和工具可以使两个独立的矢量图形对象之间产生形状、颜色、轮廓及尺寸上的平滑过渡变化，在调和过程中，对象的外形、填充方式、节点位置和步数都会直接影响调和结果。它主要用于广告创意领域，从而实现超级炫酷的立体效果图。

例如，现在绘制两个用于制作调和效果的对象，一个为红色五角星，一个为黄色圆形，在工具箱中选择调和工具，如图 9-30 所示。

图 9-30

在调和的起始对象（五角星）上按住鼠标左键并拖动到终止对象（圆形）上，释放鼠标左键即可，效果如图 9-31 所示。

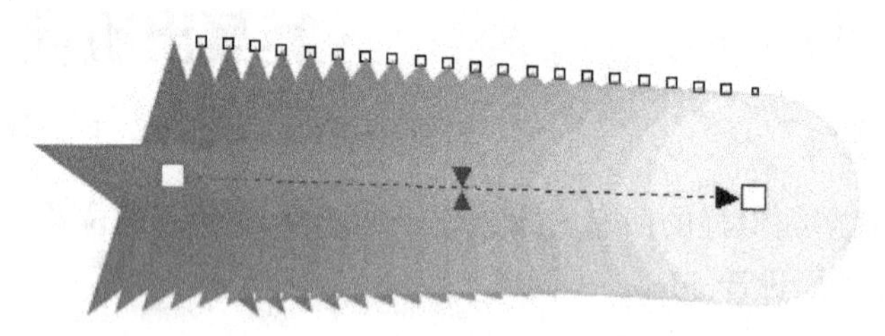

图 9-31

在调和工具的属性栏中，可以对步长或调和形状之间的偏移量来进行调整，当把步长改变为 5 时，两个图形之间的排列图形个数变为 5 个，参数设置如图 9-32 所示，效果如图 9-33 所示。拖动两个图形中的任意一个都能改变其距离的大小及角度的变化，它的渐变是沿着路径排列的。

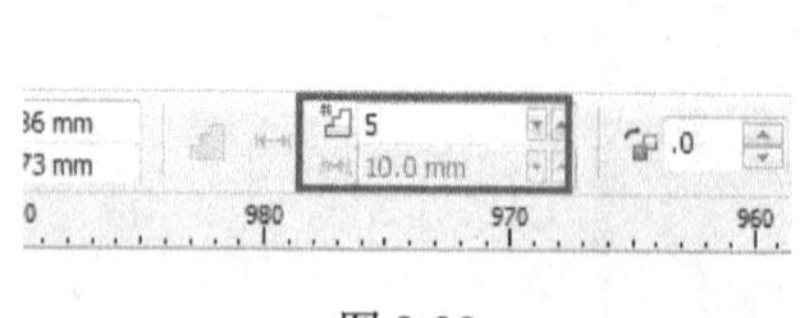

图 9-32

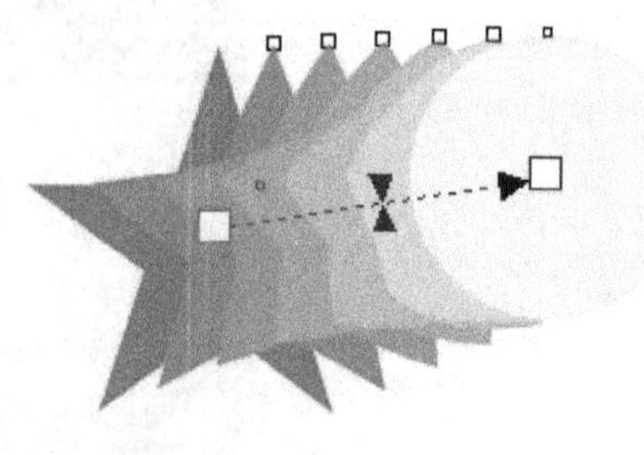

图 9-33

在调和界面的属性栏中，有 3 种调和类型，分别为直接调和、顺时针调和和逆时针调和。图 9-33 为直接调和方式。顺时针调和是在色相轮中所呈现的颜色要按着顺时针的方向来走。逆时针调和与顺时针调和的颜色顺序相反。图 9-34 所示的为顺时针调和方式，其颜色变换的原理如图 9-35 所示。

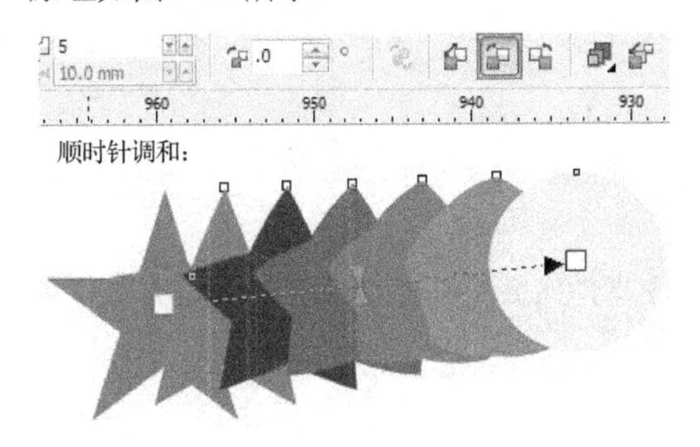

图 9-34

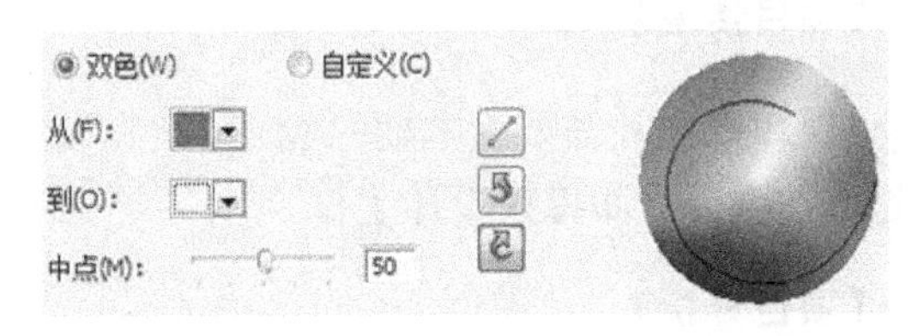

图 9-35

图形调和之后若想单独选中调和中的某一个图形，可以右击，选择“拆分调和群组于图层”命令，再取消所有群组，即可将其中某个调和图形提取出来，如图 9-36 所示。

图 9-36

图 9-37 和图 9-38 所示的两个图形的效果可体现调和工具的妙用。

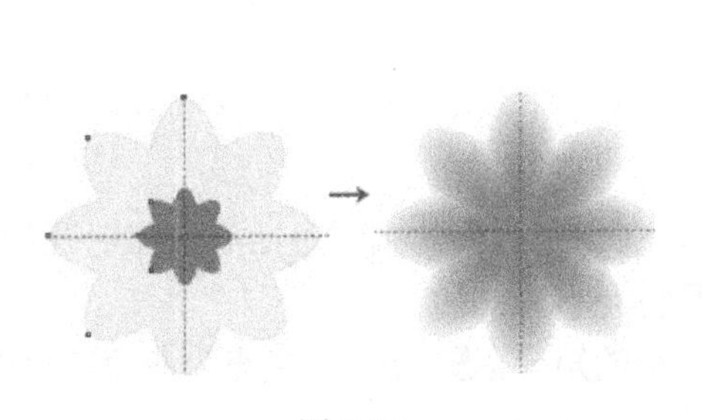

图 9-37

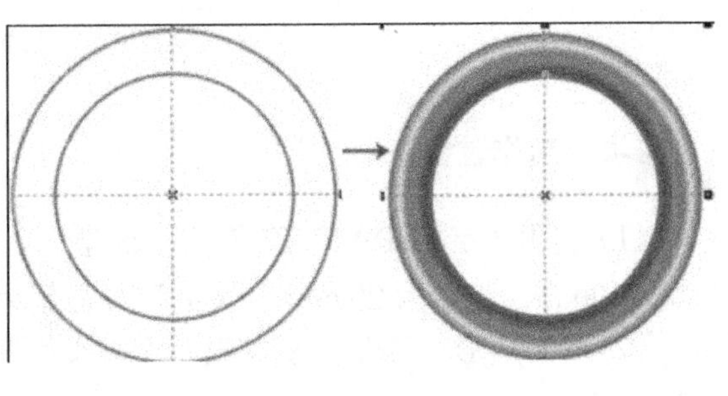

图 9-38

9.2 书籍封面设计项目实战 2

9.2.1 时尚杂志封面的设计

【项目情境】

MAN 杂志社需要为本期的 MAN 杂志设计一个男性风格的封面，蓝天广告公司的小 Q 接到这个任务后立即投入设计工作。

【项目分析】

MAN 杂志的读者一般为男性，本项目计划通过使用黑、白、灰三色的图片效果来营造坚强、理性、深邃的男性化风格。设计该封面需要使用矩形工具、调和工具、文本工具、轮廓图工具，最终效果如图 9-39 所示。

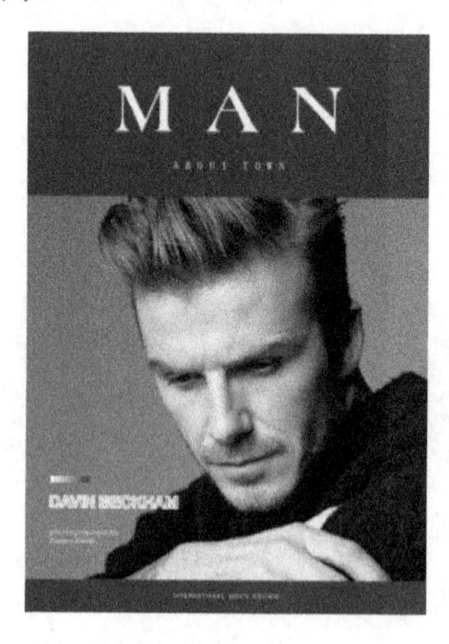

图 9-39

【项目制作过程】

（1）打开 CorelDRAW X7 软件，新建一个页面，在新建页面的属性对话框中分别设置宽度为 210mm，高度为 297mm，页面尺寸显示为设置的大小。

（2）双击矩形工具 ，复制出一个与页面相同大小的矩形，选中矩形，填充为灰色[CMYK 值为（87、82、79、65）]，设置轮廓线的宽度为 0，效果如图 9-40 所示。

（3）选择矩形工具 ，在页面中绘制一个矩形，在矩形工具的属性栏中设置对象大小为 210mm、197mm，效果如图 9-41 所示。

图 9-40

图 9-41

（4）把提前找好的素材导入 CorelDRAW X7 界面，效果如图 9-42 所示。

（5）选中素材，选择“对象”→“图框精确裁剪”→“置于图文框内部”命令，将黑色箭头移动至小矩形内，再单击，将图片素材导入到矩形内部，如图 9-43 所示。

图 9-42

图 9-43

（6）选择文本工具 字，输入文字“MAN”，在文本工具的属性栏中设置字体为 Americana BT（可用其他字体代替），字号为 100pt，填充为白色，参数设置如图 9-44 所示，效果如图 9-45 所示。

图 9-44

图 9-45

（7）选择文本工具 字，输入文字“ABOUT TOWN”，在文本工具的属性栏中设置字体为宋体，字号为 15pt，填充为白色，参数设置如图 9-46 所示，效果如图 9-47 所示。

图 9-46

图 9-47

（8）选择矩形工具 □，绘制一个小矩形，在矩形工具的属性栏中设置对象大小为 3.5mm、3.5mm。

（9）复制步骤（8）所绘的矩形，使它们水平对齐分布，分别填充颜色，左侧矩形的 CMYK 值为（0、0、0、0），右侧矩形的 CMYK 值为（0、0、0、90），效果如图 9-48 所示。

图 9-48

（10）选择调和工具，选中白色矩形，将其拖动至右侧灰色矩形上，松开鼠标左键后出现如图 9-49 所示的效果。

图 9-49

（11）选择文本工具字，输入文字“DAVIN BECKHAM”，在文本工具的属性栏中设置字体为 Arial，字号为 24pt，效果如图 9-50 所示。

（12）选中字体，在调色板中单击白色块为字体设置填充色为白色，使用轮廓图工具，设置字体宽度为 0.5mm，效果如图 9-51 所示。

图 9-50

图 9-51

（13）选择文本工具字，输入文字“pbotograpbed by Karim Sadli”，在文本工具的属性栏中设置字体为 Americana BT（可用其他字体代替），字号为 11pt，填充为白色，参数设置如图 9-52 所示，效果如图 9-53 所示。

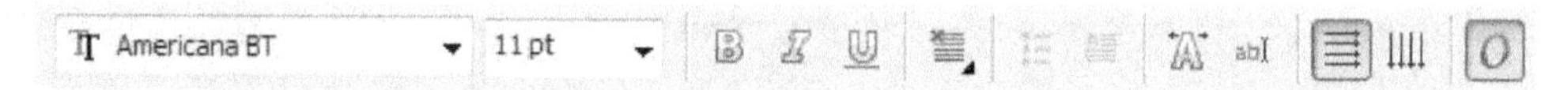

图 9-52

（14）选择文本工具字，输入文字“INTERNATIONAL　MEN’S　REVIEW”，在文本工具的属性栏中设置字体为 Arial，字号为 8pt，填充为白色，效果如图 9-54 所示。

图 9-53

图 9-54

（15）将步骤（2）、（5）、（6）、（7）、（10）、（12）、（13）、（14）所绘的图形及文本放置于如图 9-55 所示的位置，完成后保持为 CDR 格式，命名为“时尚杂志封面设计.cdr”。

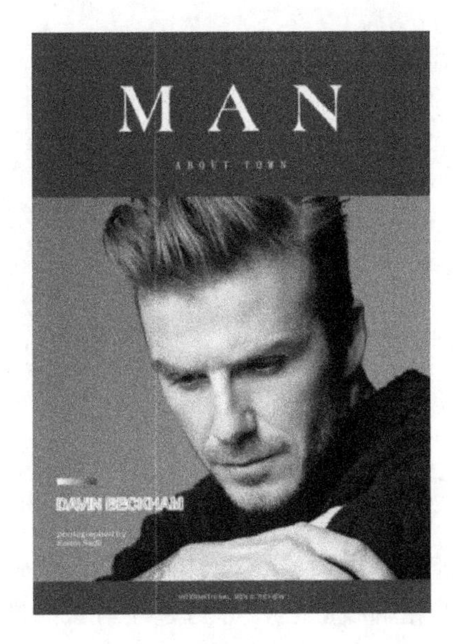

图 9-55

9.2.2 技能链接——轮廓图工具

在 CorelDRAW X7 中应用轮廓图效果时，可以为图形或文字设置不同的轮廓颜色和填充颜色。应用轮廓颜色后，会产生轮廓渐变效果，从而使轮廓图的颜色更加丰富。轮廓图的效果与调和效果相似，通常情况下轮廓图的效果只作用于单个对象，而不应用于两个以上的对象。

1. 创建对象轮廓图

选择轮廓图工具（图 9-56），将光标移到圆形对象上，按住鼠标左键向内或向外拖动，释放鼠标左键后，即可创建对象的内部轮廓或外部轮廓，如图 9-57 所示。

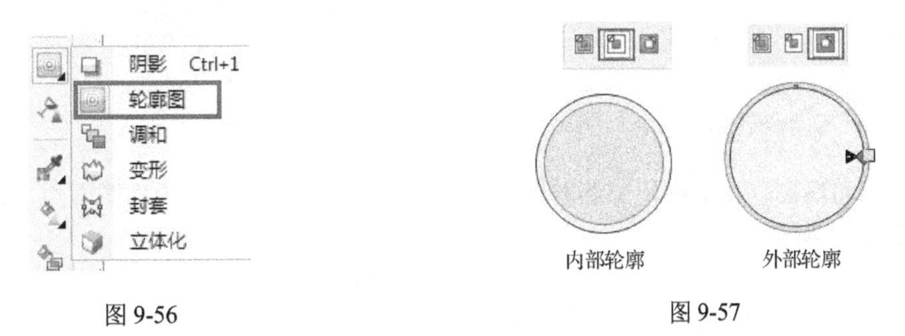

图 9-56　　图 9-57

在轮廓图属性栏中设置轮廓图的步长值（调整对象中轮廓图步长的数量）为 6，如图 9-58 所示。

若在属性栏中设置“到中心”，可创建由图形边缘向中心放射的轮廓图效果，此时将不能设置轮廓图步数，它会根据所设置的轮廓图的偏移自动进行调整，效果如图 9-59 所示。

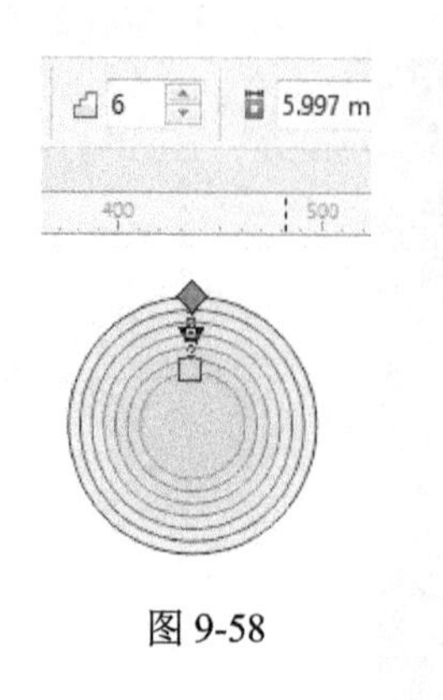

图 9-58

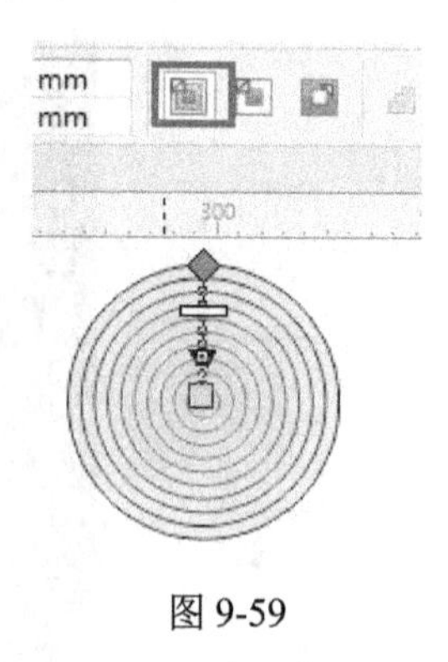

图 9-59

2. 设置轮廓图的轮廓色和填充色

选择轮廓图对象，在属性栏中单击“轮廓色”按钮，在弹出的颜色选取器中选择所需颜色，轮廓对象即可应用新的轮廓线颜色，并与起端对象的黑色轮廓产生渐变过渡效果，如图 9-60 所示。

在属性栏中单击“填充色”按钮，在弹出的颜色选取器中选择所需的任意颜色，此时如果没有显示填充色，是因为起端对象没有应用填充色。在右侧调色板中单击橙色，为起端对象填充橙色，此时，起端对象的填充色与中间轮廓的填充色就会产生渐变效果，效果如图 9-61 所示。

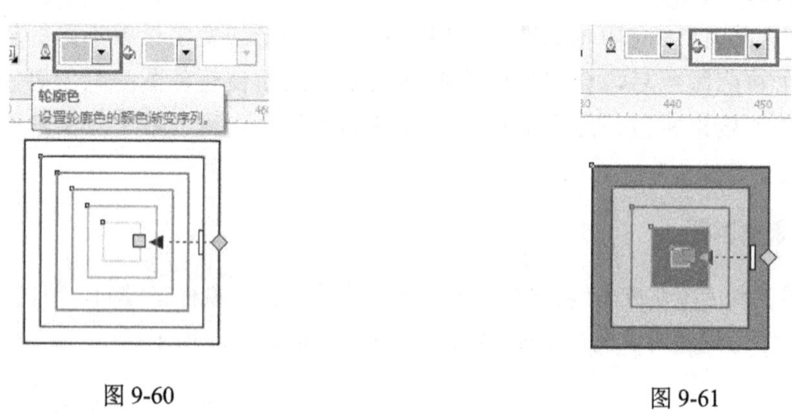

图 9-60

图 9-61

3. 分离与清除轮廓图

要分离轮廓图，在选中轮廓图对象后，选择“对象”→“拆分轮廓图群组”命令即可，效果如图 9-62 所示。

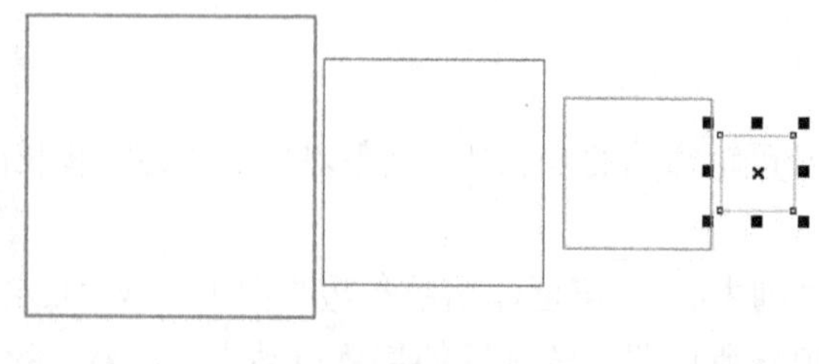

图 9-62

要清除轮廓图效果，在选中应用轮廓图效果的对象后，选择“效果”→“清除轮廓”命令，或直接在属性栏中单击“清除轮廓”按钮即可，如图 9-63 所示。

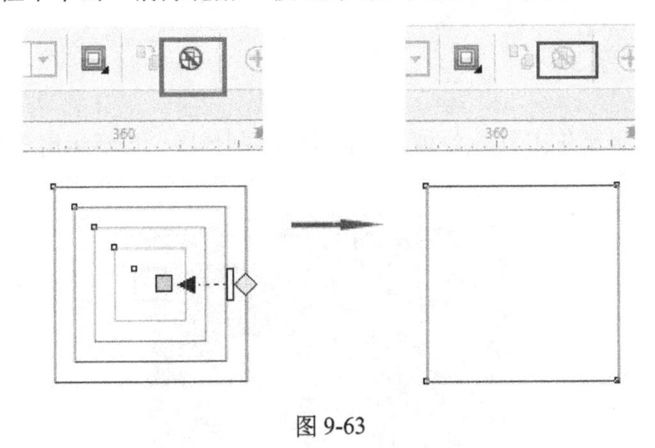

图 9-63

课后练习

课后习题 1：设计书籍封面

【知识要点】

使用矩形工具、贝塞尔工具、文本工具等进行绘制排版，灵活运用置入方法、文字排版，效果如图 9-64 所示。

图 9-64

课后习题 2：设计杂志封面

【知识要点】

使用矩形工具、贝塞尔工具、文本工具等进行绘制排版，灵活运用置入方法、文字排版，效果如图 9-65 所示。

图 9-65

第 10 章 海报设计

【学习目标】

（1）掌握轮廓线的功能及操作方法。
（2）掌握艺术笔工具的功能及操作方法。
（3）掌握公益海报、宣传海报、商业海报等海报的设计和制作方法。

10.1 海报设计项目实战 1

10.1.1 环保公益海报的设计

【项目情境】

为了引起广大群众对环境保护的重视，政府部门打算制作一批环境保护主题的海报粘贴到各单位各小区的公告栏中，这个海报的设计任务落在了小 T 的身上。

【项目分析】

环保公益海报要求颜色以绿色、蓝色为主调，绿色代表循环再生，蓝色代表生机盎然，出现草坪、树木等元素，突出环保主题。设计该海报需要使用矩形工具、文本工具、立体化工具、贝塞尔工具，最终效果如图 10-1 所示。

图 10-1

【项目制作过程】

（1）打开 CorelDRAW X7 软件，新建一个页面，在新建页面的属性对话框中分别设置宽度为 210mm，高度为 297mm，页面尺寸显示为设置的大小。

（2）选择矩形工具，双击，使用渐变填充工具，为矩形填充蓝到浅蓝的渐变，CMYK 值分别为（60、21、0、0），（28、0、5、0），设置轮廓线的宽度为 0，效果如图 10-2 所示。

（3）选择贝塞尔工具，在页面上绘制一个如图 10-3 所示的图形。

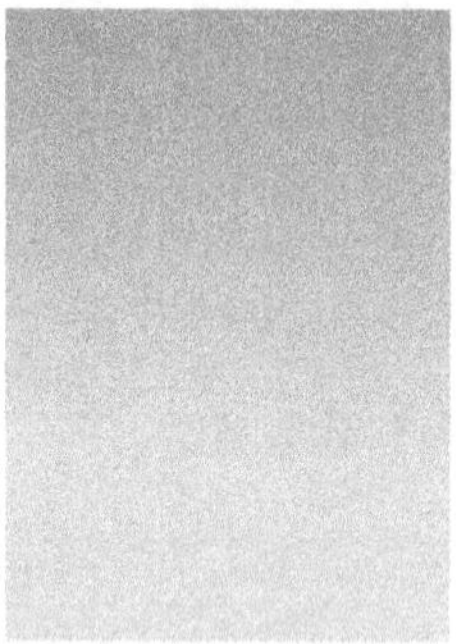

图 10-2

图 10-3

（4）复制 3 个绘制好的图形，分别填充颜色，CMYK 值分别为（40、90、0、20），（0、60、100、0），（20、9、100、0），再变换大小进行组合，轮廓线的宽度设置为 1.0mm，颜色设置为白色，效果如图 10-4 所示。

图 10-4

（5）选择文本工具，输入文字“绿色家园”，在文本工具的属性栏中设置字体为迷你简综艺（可用其他字体代替），字号为 140pt，填充为白色，参数设置如图 10-5 所示，效果如图 10-6 所示。复制一个相同的白色“绿色家园”文本。

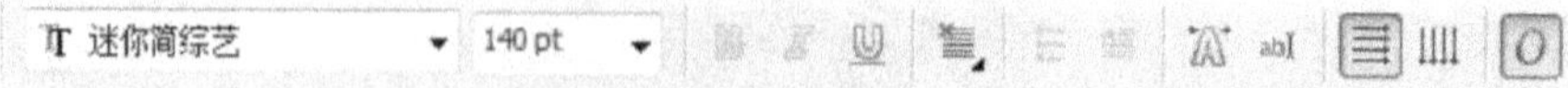

图 10-5

（6）将其中一个“绿色家园”文本的轮廓宽度设置为 8.0mm，颜色设置为橙色[CMYK 值为（0、60、100、0）]，效果如图 10-7 所示。

图 10-6

图 10-7

（7）选择立体化工具，单击第一个白色的“绿色家园”文本并拖动，使其出现立体效果，单击“立体化颜色”按钮，再单击“使用递减的颜色”按钮，“从”和“到”的颜色 CMYK 值为（0、60、100、0），（100、100、100、100），参数设置如图 10-8 所示，效果如图 10-9 所示。

（8）将步骤（6）和步骤（7）所绘的文本组合成如图 10-10 所示的图形，框选两个文本并按 Ctrl+G 组合键进行群组。

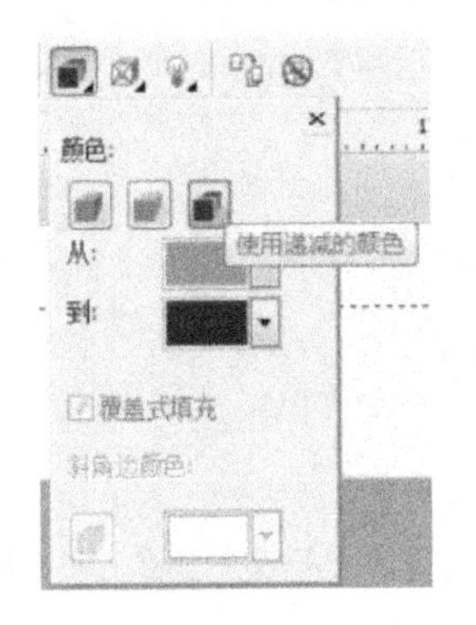

图 10-8

图 10-9

图 10-10

（9）选择文本工具，输入文字“植树造林 保护环境”，在文本工具的属性栏中设置字体为微软雅黑，字号为 29pt，加粗，参数设置如图 10-11 所示，效果如图 10-12 所示。

微软雅黑　29 pt

图 10-11

植树造林 保护环境

图 10-12

（10）选择文本工具，输入文字“TO PROTECT THE ENVIRONMENT”，在文本工具的属性栏中设置字体为 Arial，字号为 8.5pt，参数设置如图 10-13 所示，效果如图 10-14 所示。

Arial　8.5 pt

图 10-13

TO PROTECT THE ENVIRONMENT

图 10-14

（11）选择文本工具字，输入文字“地球是我家，绿化靠大家 ”，在文本工具的属性栏中设置字体为微软雅黑，字号为 17pt，参数设置如图 10-15 所示，效果如图 10-16 所示。

微软雅黑 17 pt

图 10-15

地球是我家，绿化靠大家

图 10-16

（12）将 4.1.1 项目实战中所绘的郊外风景图导入当前界面中，如图 10-17 所示。

图 10-17

（13）将前面步骤所绘的图形及文本放置于如图 10-18 所示的位置，完成后保存为 CDR 格式，命名为“环保公益海报.cdr”。

图 10-18

10.1.2　技能链接——轮廓线的使用

轮廓线是 CorelDRAW X7 软件绘制图形过程中显示的对象轮廓，通过调整对象的轮廓属性（轮廓颜色、轮廓宽度、轮廓样式等）可以起到修饰对象和增加对象醒目的的作用，轮廓笔在其中扮演着不可或缺的角色。

软件默认状态下的轮廓线都是黑色 2mm 的实线，若使用手绘工具绘图，则可在属性栏上直接修改轮廓宽度、轮廓样式和添加起始终止箭头。在调色板上右击颜色块可改变轮廓线的颜色，右击调色板颜色最上方的“×”，则可去除轮廓线。

用形状工具绘图时，属性栏上只有轮廓粗细可调整，若想添加其他轮廓效果，可以选择工具箱中的轮廓笔工具对对象的轮廓进行修改，如图 10-19 所示。

选择轮廓笔工具，弹出“轮廓笔”对话框，如图 10-20 所示，此时颜色、宽度、样式和箭头可按要求进行调整，还可以单击对话框中的“编辑样式”按钮来自定义新的轮廓样式。

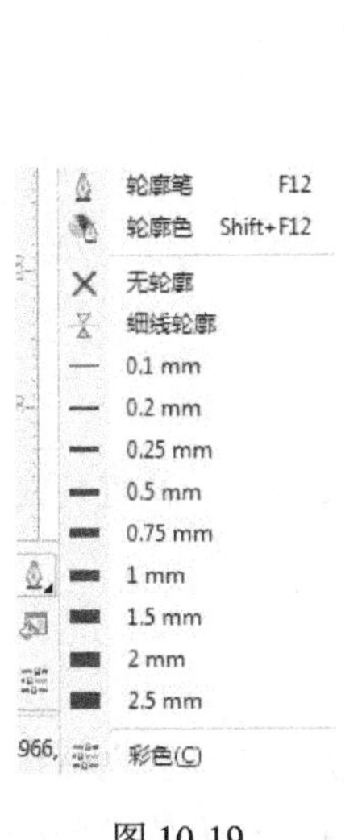

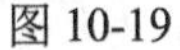
图 10-19

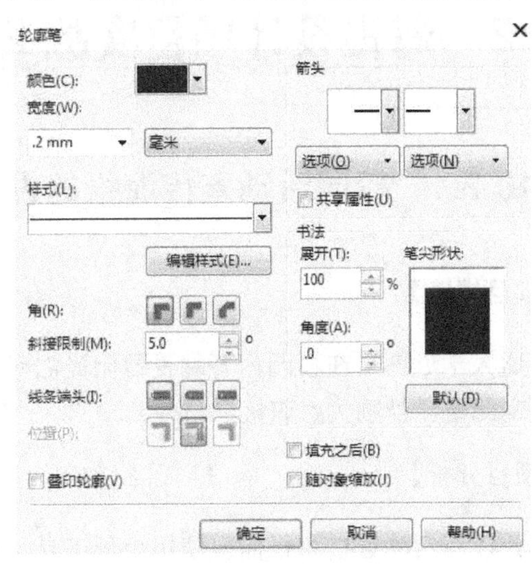

图 10-20

在“轮廓笔”对话框中，角分为直角、圆角和斜角三种，如图 10-21 所示。

在“轮廓笔”对话框中，线条端头分为方形端头、圆形端头和延伸方形端头 3 种，如图 10-22 所示。

图 10-21

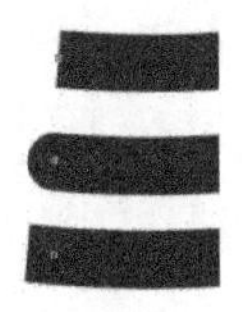

图 10-22

在轮廓笔对话框中，位置配合“角”使用，有外部位置、中间位置和内部位置 3 种（闭合路径才可以设置此项），如图 10-23 所示。

另外，“书法”属性的“展开”和“角度”是以书法字体的感觉来调节对象轮廓的粗细和旋转倾斜角度的。以一个文字为例，使用文本工具输入汉字“字”，默认的文本是只有对象没有轮廓，需要右击调色板的黑色块，单击调色板的无色按钮“×”，才可以看到字的轮廓；弹出“轮廓笔”对话框，调整“展开”和“角度”的值，就可以看到轮廓线有粗有细的效果了，如图 10-24 所示。若是勾选“随对象缩放”复选框，则轮廓和对象会等比例缩放，反之则不会。

图 10-23

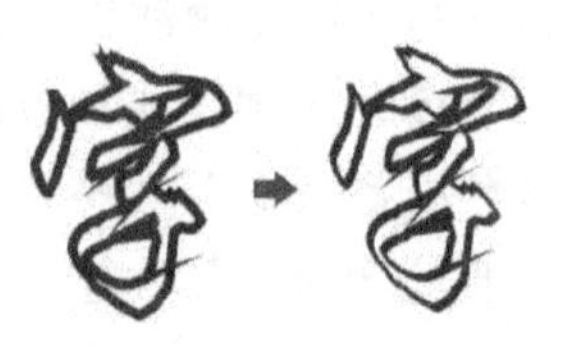

图 10-24

10.2 海报设计项目实战 2

10.2.1 校园活动宣传海报的设计

【项目情境】

交通大学近期要在校园内开展夏日阳光派对的校园活动，需要设计一款宣传海报来让同学们知晓此事，鼓励大家积极参与。

【项目分析】

设计校园活动宣传海报需要使用矩形工具、椭圆形工具、贝塞尔工具、立体化工具、阴影工具，最终效果如图 10-25 所示。宣传海报主题突出，颜色鲜艳，让人感觉到一种夏日激情、热情奔放的活动气氛。

图 10-25

【项目制作过程】

（1）打开 CorelDRAW X7 软件，新建一个页面，在新建页面的属性对话框中分别设置宽度为 210mm，高度为 297mm，页面尺寸显示为设置的大小。

（2）双击矩形工具 ，绘制一个与页面相同大小的矩形，使用双色渐变填充，模式选择为辐射，CMYK 值分别为（93、51、62、7），（78、4、55、0），轮廓线的宽度设置为 0，参数设置如图 10-26 所示，效果如图 10-27 所示。

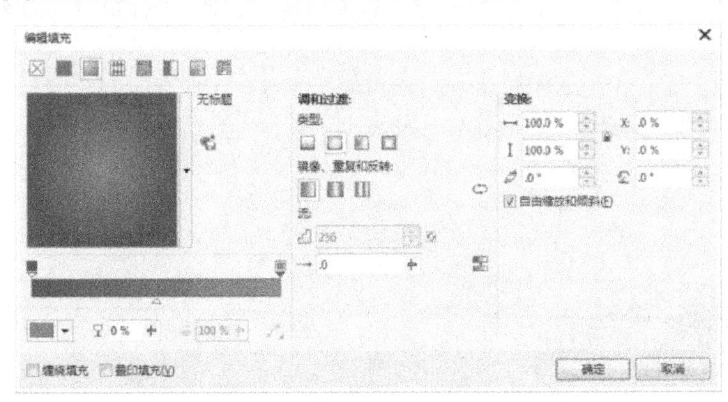

图 10-26

图 10-27

（3）选择手绘工具 ，在页面上绘制一个方框，轮廓色设置为浅绿色[CMYK 值为（38、0、16、0）]，效果如图 10-28 所示。

（4）选择椭圆形工具 ，在页面上绘制一个圆形，在椭圆形工具的属性栏中设置对象大小为 155mm、155mm，填充为黄色[CMYK 值为（5、31、89、0）]，选择阴影工具 ，单击圆形并拖动出阴影效果，效果如图 10-29 所示。

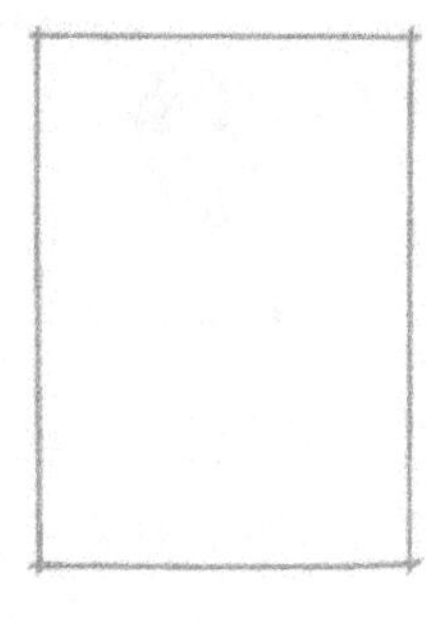

图 10-28

图 10-29

（5）选择贝塞尔工具 ，在页面上绘制两朵云，填充为浅黄色[CMYK 值为（4、12、24、0）]，轮廓线的宽度设置为 0，效果如图 10-30 所示。

图 10-30

（6）选择阴影工具 ，单击图形并拖动得到阴影效果，效果如图 10-31 所示。

图 10-31

（7）选中两朵云，复制一次，得到 4 朵云，调整位置，按 Ctrl+G 组合键进行组合，效果如图 10-32 所示。

图 10-32

（8）选择贝塞尔工具 ，在页面上绘制两个图形，填充颜色，CMYK 值分别为（7、9、79、0），（0、84、68、0），轮廓线的宽度设置为 0，效果如图 10-33 所示。

（9）选中绘制好的两个图形，复制一次，选中复制出来的图形，单击属性栏上的“水平镜像”按钮 ，效果如图 10-34 所示。

图 10-33

图 10-34

（10）选择文本工具 ，输入文字“summer party”，在文本工具的属性栏中设置字体为微软雅黑，填充红色[CMYK 值为（0、100、100、0）]，字号为 37pt，加粗，参数设置如图 10-35 所示，效果如图 10-36 所示。

图 10-35

summer party

图 10-36

（11）选择文本工具字，输入文字“DJ-NAMEHERE-DJ NPMEHERE”，在文本工具的属性栏中设置字体为 Aurora BdCn BT，填充为白色，字号为 25pt，参数设置如图 10-37 所示，效果如图 10-38 所示。

Aurora BdCn BT　25 pt

图 10-37

DJ-NAMEHERE-DJ NPMEHERE

图 10-38

（12）选择文本工具字，输入文字“夏日阳光俱乐部”，在文本工具的属性栏中设置字体为微软雅黑，填充为黄色[CMYK 值为（10、25、83、0）]，字号为 23pt，参数设置如图 10-39 所示，效果如图 10-40 所示。

微软雅黑　23 pt

图 10-39

夏日阳光俱乐部

图 10-40

（13）选择文本工具字，输入文字“CONTACT：0123456879 WWW.CLUB.COM”，在文本工具的属性栏中设置字体为 Aurora BdCn BT，填充为白色，字号为 25pt，参数设置如图 10-41 所示，效果如图 10-42 所示。

Aurora BdCn BT　25 pt

图 10-41

CONTACT:0123456879　WWW.CLUB.COM

图 10-42

（14）选择文本工具字，输入文字“夏日阳光派对”，在文本工具的属性栏中设置字体为文鼎新艺体简，填充为白色，字号为 75pt，参数设置如图 10-43 所示，效果如图 10-44 所示。

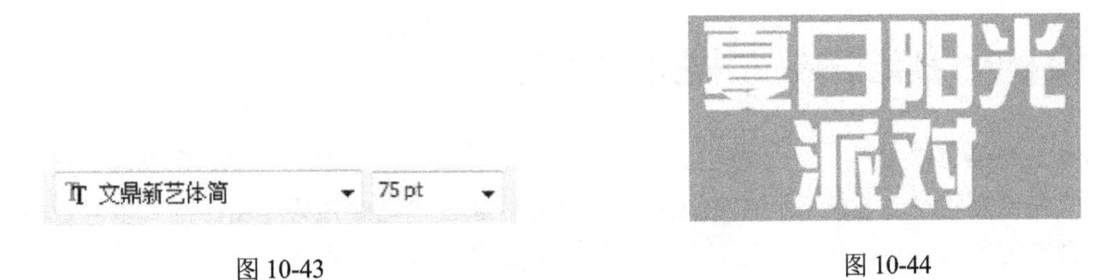

图 10-43　　图 10-44

（15）选中文本，选择立体化工具，单击文本并拖动，出现立体化效果。单击“立体化颜色”按钮，再单击“使用递减的颜色”按钮，颜色的 CMYK 值为（0、100、100、0），（100、100、100、100），参数设置如图 10-45 所示，效果如图 10-46 所示。

（16）将前面步骤所绘的图形及文本放置于如图 10-47 所示的位置，完成后保存为 CDR 格式，命名为“校园活动宣传海报.cdr”。

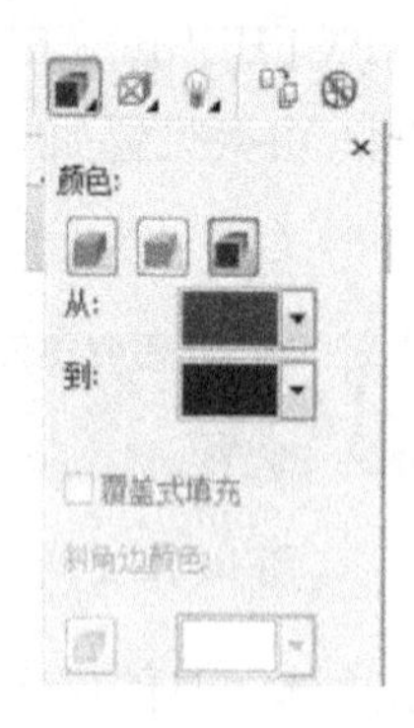

图 10-45

图 10-46

图 10-47

10.2.2 技能链接——艺术笔工具

CorelDRAW X7 软件的艺术笔工具能使用手绘笔触添加艺术笔刷、喷射和书法效果。艺术笔工具在绘制路径时直接以艺术笔触效果填充路径颜色，笔触效果丰富、形式多样，会产生较为独特的艺术效果，是一项比较灵活而且又非常实用的绘图功能。

选择艺术笔工具，可在其属性栏中选择应用以下几种类型。

1. 预设

使用预设矢量形状绘制曲线。起始点圆粗，终结点尖细，还可以选择不同的笔触，调整曲线的平滑程度和宽度，如图 10-48 所示。

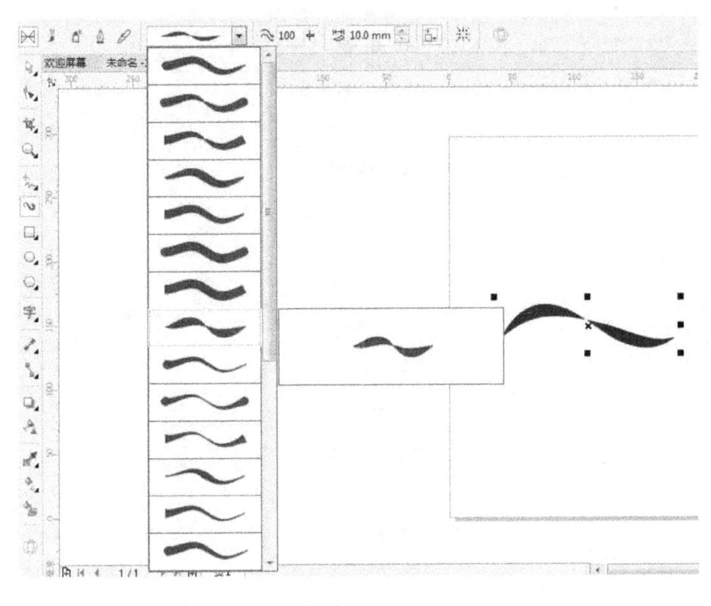

图 10-48

注意：如果要进行下一个曲线的绘制，要取消之前的对象选中才能绘制新的，否则选中的曲线会随着笔触的选择而改变。

另外，用手绘工具绘制出来的曲线也可以应用艺术笔工具：先选中对象，然后改变预设笔触即有变化。用艺术笔工具绘制出来的曲线一样可以用形状工具后期调整，它的路径隐藏在里面，先要框选对象，然后可以通过选择“对象”→“拆分艺术笔组”命令进行打散，如图 10-49 所示。

右击调色板上的黑色块，然后取消拆分对象的选中状态，拖动对象，就会看到一条曲线，此时曲线只有轮廓，但是和艺术笔完全不一样的轮廓了，如图 10-50 所示。

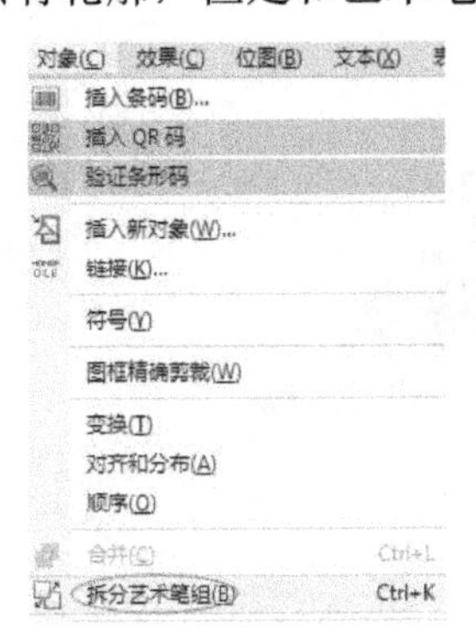

图 10-49

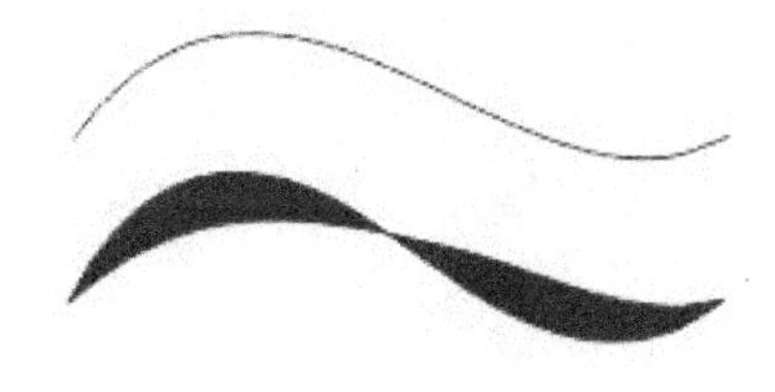

图 10-50

2．笔刷

绘制与着色的笔刷笔触相似的曲线。根据选择的艺术笔工具类别和笔刷笔触类型可以绘制多种曲线，如图 10-51 所示。

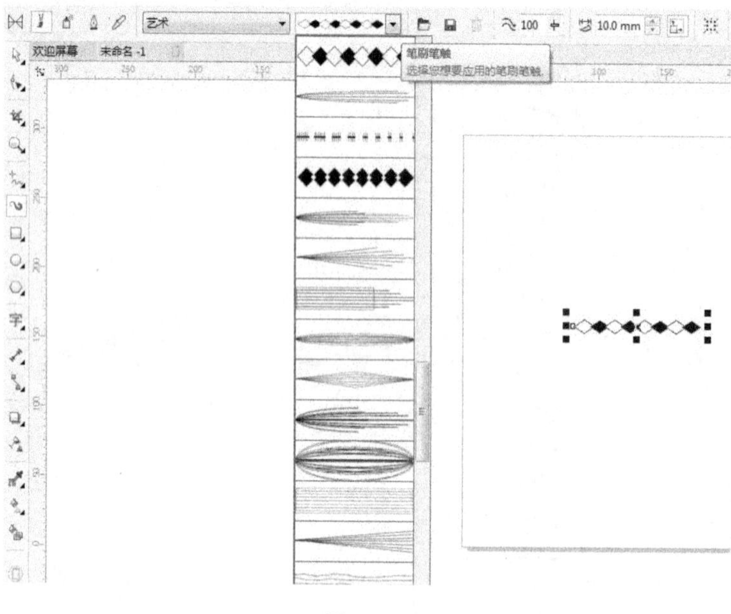

图 10-51

3．喷涂

通过喷射一组预设图像进行绘制。CorelDRAW X7 自带多种笔刷笔触和喷射图样，可以满足多样化需求，并且可以对图形组中的单个对象进行细致的编辑工作，如图 10-52 所示。

图 10-52

4．书法

绘制与书法笔触相似的曲线。可以调整曲线平滑度、笔触宽度和书法角度。绘制出来的曲线类似于用矩形拖动出来的图形。书法线条的粗细会随着线条的方向和笔头的角度而改变，如图 10-53 所示。

5．压力

模拟使用压感笔画的绘图效果。可调节曲线平滑度和笔触宽度。绘制出来的曲线类似用圆形拖动出来的图形，如图 10-54 所示。

图 10-53

图 10-54

10.3　海报设计项目实战 3：商业海报的设计

【项目情境】

万象企业旗下的商场正在策划一个 VIP 会员日的优惠活动，定于本年度 3 月 23 日 10:00～22:00 举行，给来消费的全部会员打 8.8 折优惠，商场计划设计并打印一个醒目的大海报粘贴于商场外墙上，让过往的会员们得到这个重要的消息。

【项目分析】

设计该商业海报需要使用矩形工具、贝塞尔工具、文本工具、阴影工具，最终效果如图 10-55 所示。该海报设计为较深的底色，目的是突出其中炫彩的文字，更能起到突出主题、吸睛的作用。

图 10-55

【项目制作过程】

（1）打开 CorelDRAW X7 软件，新建一个页面，在新建页面的属性对话框中分别设置宽度为 210mm，高度为 297mm，页面尺寸显示为设置的大小。

（2）双击矩形工具 ，创建一个与页面大小相同的矩形，效果如图 10-56 所示。

（3）把提前找好的图片素材导入 CorelDRAW X7 界面中，如图 10-57 所示。

图 10-56　　图 10-57

（4）选中素材，选择“对象”→“图框精确裁剪”→“置于图文框内部”命令，将黑色箭头移动至矩形内，单击将素材放置到矩形内部，效果如图 10-58 所示。

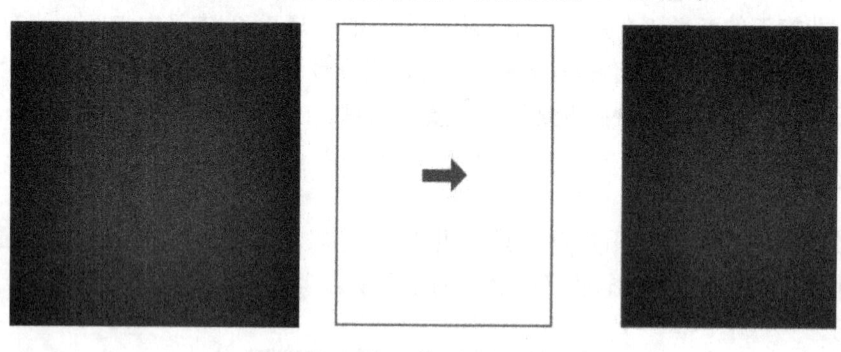

图 10-58

（5）选择文本工具 ，输入文字“10:00~22:00”，在文本工具的属性栏中设置字体为 Aurora BdCn BT（可用其他字体代替），填充为双色渐变，CMYK 值分别为（16、0、33、0），（56、12、85、0），字号为 37pt，参数设置如图 10-59 所示，效果如图 10-60 所示。

图 10-59　　图 10-60

（6）选择文本工具 ，输入文字“MAR”，在文本工具的属性栏中设置字体为微软雅黑，填充为双色渐变，CMYK 值分别为（6、50、10、0），（0、91、28、0），字号为 46pt，加粗，参数设置如图 10-61 所示，效果如图 10-62 所示。

图 10-61

图 10-62

（7）选择文本工具字，输入文字“23”，在文本工具的属性栏中设置字体为 Neutra Text Light Alt（可用其他字体代替），填充为双色渐变，CMYK 值分别为（6、50、10、0），（0、91、28、0），字号为 107pt，加粗，参数设置如图 10-63 所示，效果如图 10-64 所示。

图 10-63

图 10-64

（8）选择文本工具字，输入文字“VIP”和“DAY”，在文本工具的属性栏中设置字体为 Aurora BdCn BT（可用其他字体代替），字号为 180pt，参数设置如图 10-65 所示，效果如图 10-66 所示。

图 10-65

图 10-66

（9）选中文字“VIP”，按 Ctrl+K 组合键将字体分解，用相同的方法分解文字“DAY”。为文字“V”填充为双色渐变，CMYK 值分别为（40、8、0、0），（64、19、0、0）；为文字“I”填充为双色渐变，CMYK 值分别为（16、0、33、0），（56、12、85、0）；为文字“P”填充为双色渐变，CMYK 值分别为（6、50、10、0），（0、91、28、0）；为文字“D”填充为双色渐变，CMYK 值分别为（6、50、10、0），（0、91、28、0）；为文字“A”填充为双色渐变，CMYK 值分别为（40、8、0、0），（64、19、0、0）；为文字“Y”填充为双色渐变，CMYK 值分别为（16、0、33、0），（56、12、85、0），将所有文字群组，效果如图 10-67 所示。

（10）选中文字“V”“D”“Y”，按 Shift+PgUp 组合键使文字置于上一层，选择阴影工具，单击并拖动出阴影效果，效果如图 10-68 所示。

图 10-67

图 10-68

（11）选择文本工具字，输入文字“会员专享”，在文本工具的属性栏中设置字体为微软雅黑，字号为25pt，加粗，填充为双色渐变，CMYK值分别为（40、8、0、0），（64、19、0、0），参数设置如图10-69所示，效果如图10-70所示。

图10-69 　　　图10-70

（12）选择文本工具字，输入文字“全场”，在文本工具的属性栏中设置字体为微软雅黑，选择加粗，填充为双色渐变，CMYK值分别为（40、8、0、0），（64、19、0、0），字号为50pt，参数设置如图10-71所示，效果如图10-72所示。

图10-71 　　　图10-72

（13）选择文本工具字，输入文字“88”，在文本工具的属性栏中设置字体为Neutra Text Light Alt，字号为111pt，加粗，填充为双色渐变，CMYK值分别为（16、0、33、0），（56、12、85、0），参数设置如图10-73所示，效果如图10-74所示。

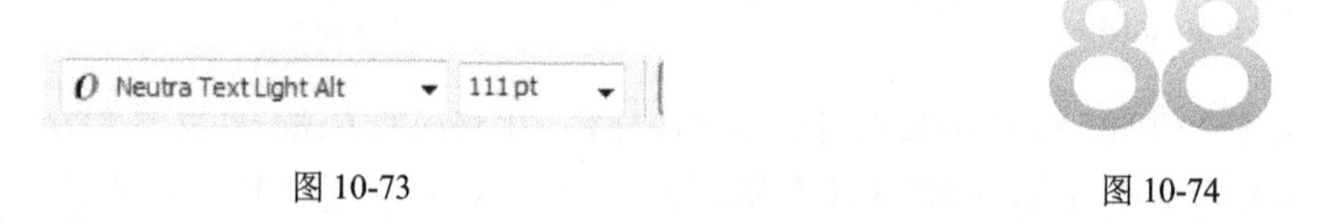

图10-73　　　图10-74

（14）选择文本工具字，输入文字“折”，在文本工具的属性栏中设置字体为微软雅黑，字号为25pt，加粗，填充为双色渐变，CMYK值分别为（6、50、10、0），（0、91、28、0），参数设置如图10-75所示，效果如图10-76所示。

图10-75 　　　图10-76

（15）选择文本工具字，输入文字“持会员卡于活动时间段 88 折优惠尊享”，在文本工具的属性栏中设置字体为微软雅黑，字号为18pt，加粗，填充为双色渐变，CMYK值分别为（40、8、0、0），（64、19、0、0），参数设置如图10-77所示，效果如图10-78所示。

图10-77

持会员卡于活动时间段88折优惠尊享

图 10-78

（16）选择文本工具字，输入文字“Shatles of CoutureShapes”，在文本工具的属性栏中设置字体为 Americana BT，字号为 10pt，填充为白色，参数设置如图 10-79 所示，效果如图 10-80 所示。

图 10-79　　图 10-80

（17）选择贝塞尔工具，在页面上绘制如图 10-81 所示的立方体图形。

（18）选中立方体图形，分别为 3 个面填充不同颜色，CMYK 值分别为（49、18、4、0），（44、5、58、0），（3、69、16、0），效果如图 10-82 所示。

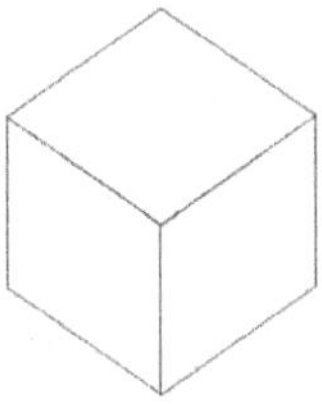

图 10-81 　　图 10-82

（19）选择贝塞尔工具，在页面上绘制一个图形，填充为双色渐变，CMYK 值分别为（6、50、10、0），（0、91、28、0），效果如图 10-83 所示。

（20）选择贝塞尔工具，在页面上绘制一个樱桃图形，填充为双色渐变，CMYK 值分别为（40、8、0、0），（64、19、0、0），效果如图 10-84 所示。

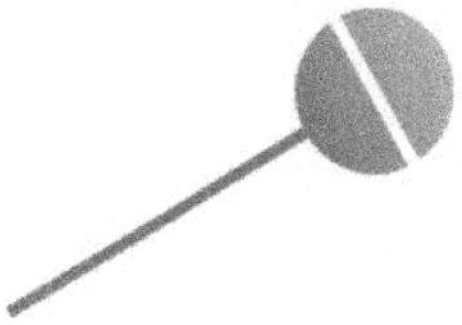

图 10-83 　　图 10-84

（21）选择矩形工具，绘制一个矩形，在矩形属性栏的对象大小中分别输入 210mm、12mm，填充为双色渐变，CMYK 值分别为（6、50、10、0），（0、91、28、0），效果如图 10-85 所示。

图 10-85

（22）将前面步骤所绘的图形及文本放置于如图 10-86 所示的位置，完成后保存为 CDR 格式，命名为“商业海报.cdr”。

图 10-86

课后练习

课后习题 1：设计促销海报

【知识要点】

使用矩形工具、椭圆形工具、贝塞尔工具、文本工具等进行绘制，灵活运用素材导入和文字排版，效果如图 10-87 所示。

图 10-87

课后习题 2：设计招聘海报

【知识要点】

使用贝塞尔工具、矩形工具、文本工具等进行绘制，灵活运用素材导入和文字排版，效果如图 10-88 所示。

图 10-88

第11章 菜单设计

【学习目标】

掌握中、西餐厅的菜单设计和制作方法。

11.1 菜单设计项目实战1：西餐厅菜单的设计与制作

【项目情境】

商场内有一家新的西餐厅开张了，西餐厅的老板打算请人帮设计一个独具特色的菜单，让客人能在点餐时被其华丽的菜单所吸引，让人食欲大增。

【项目分析】

设计西餐厅菜单需要使用矩形工具、透明度工具、文本工具、贝塞尔工具，最终效果如图11-1所示。该菜单使用复古底纹，由此提高了菜单的档次，添加了新鲜糕点的图片，让人看到胃口大开，在深色的底色衬托下使用白色菜单文字，排列整齐，醒目易见。

图11-1

【项目制作过程】

（1）打开 CorelDRAW X7 软件，新建一个页面，在新建页面的属性对话框中分别设置宽度为 640mm，高度为 297mm，页面尺寸显示为设置的大小。

（2）选择矩形工具 □，绘制一个宽度为 160mm，高度为 297mm 的矩形，填充图形为棕色[CMYK 值为（0、70、100、90）]，设置轮廓线的宽度为 0，如图 11-2 所示。

（3）选择贝塞尔工具 ，绘制图形，如图 11-3 所示，填充图形为渐变色，CMYK 值分别为（28、53、100、9），（3、20、93、0），（2、0、25、0），其参数设置如图 11-4 所示，设置轮廓线的宽度为 0，效果如图 11-5 所示。

图 11-2

图 11-3

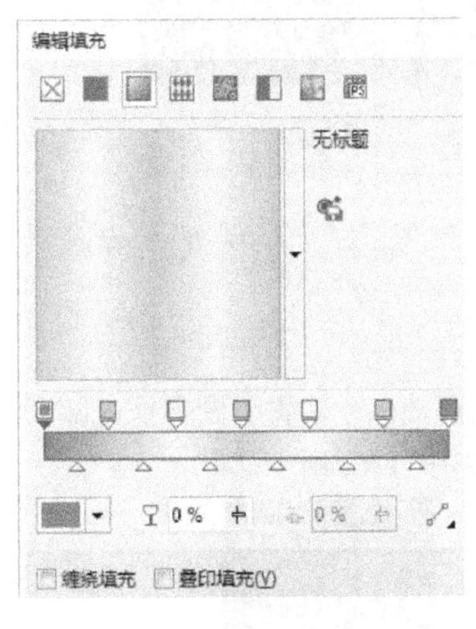

图 11-4

图 11-5

（4）将图形复制一个，放置在步骤（2）所绘的矩形上，调整位置，效果如图 11-6 所示。

（5）选择文本工具 字，单击空白处输入文字“logo”，在文本工具的属性栏中设置字体为 Bickham Scrpt Pro Semibol（可用其他字体代替），字号为 140pt，效果如图 11-7 所示。

（6）选择矩形工具 □，参照步骤（2），制作菜单的第 2 页。

图 11-6

图 11-7

（7）选择矩形工具 ，绘制一个宽度为 150mm，高度为 285mm 的矩形，无颜色填充，取消轮廓线，放置于步骤（6）所绘的矩形内，效果如图 11-8 所示。

（8）把提前找好的图片素材导入，如图 11-9 所示，选择透明度工具 ，对图片进行调整，参数设置如图 11-10 所示，效果如图 11-11 所示。

图 11-8

图 11-9

图 11-10

（9）选择调整好的图 11-11，选择“对象”→“图框精确剪裁”→“置于图文框内部”命令，置入到步骤（7）所绘的无填充无轮廓的矩形中，效果如图 11-12 所示。

图 11-11

图 11-12

（10）选择贝塞尔工具，绘制如图 11-13 所示的白色图形，填充线性渐变色，CMYK 值为（28、53、100、9），（3、20、93、0），（2、0、25、0），设置轮廓线的宽度为 0，效果如图 11-14 所示。

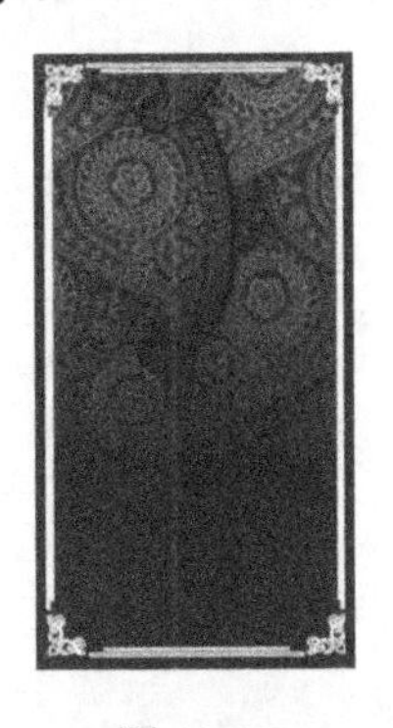

图 11-13

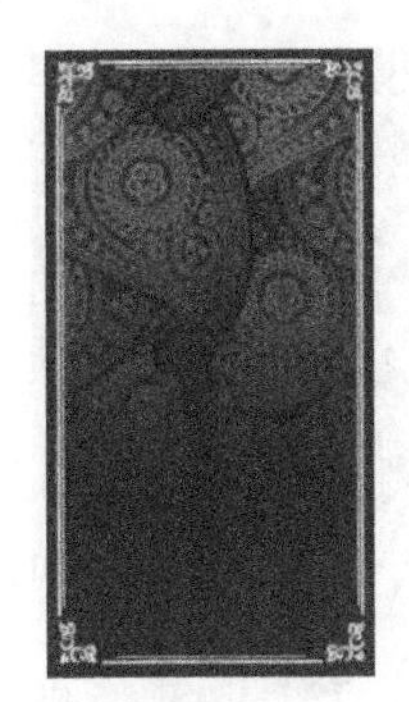

图 11-14

（11）选择文本工具，单击空白处输入文字“Room Service”，在文本工具的属性栏中设置字体为 Bickham Scrpt Pro Semibol（可用其他字体代替），“R”文本的字号设置为 120pt，其他字母字的号设置为 56pt，效果如图 11-15 所示。

（12）选择文本工具，单击空白处输入文字“菜单”，在文本工具的属性栏中设置字体为微软雅黑，字号为 30pt，如图 11-15 所示。

图 11-15

（13）选择矩形工具，绘制宽度为 43mm，高度为 1mm 的矩形，以及宽度为 43mm，高度为 0.5mm 的矩形，如图 11-15 所示。

（14）选择步骤（5）、（11）、（12）、（13）所绘的图形进行调整，放置于如图 11-16 所示的位置，参考步骤（3）为文本填充颜色，效果如图 11-16 所示。

（15）选择矩形工具，参考步骤（2），制作菜单的第 3 页。

（16）导入提前找好的素材图片（如图 11-17 所示），选择透明度工具，为图片设置透明度效果，如图 11-18 所示。

图 11-16

图 11-17

图 11-18

（17）选择调整好的图片，置入到步骤（15）所绘的矩形中，效果如图 11-19 所示。

（18）选择矩形工具 ，绘制一个宽度为 140mm，高度为 18mm 的图形，填充颜色的 CMYK 值为（0、40、100、20）。选择透明度工具 ，为图形设置透明度效果，如图 11-20 所示。

图 11-19

图 11-20

（19）复制步骤（11）～（13）所绘的图形，放置于如图 11-21 所示的位置。

（20）选择文本工具 ，单击空白处输入文字“主菜类”，在文本工具的属性栏中设置字体为文鼎 CS 大宋（可用其他字体代替）。

（21）选择文本工具 ，单击空白处输入文字“The main course”，在文本工具的属性栏中设置字体为 Bickham Scrpt Pro Semibol（可用其他字体代替）。

（22）依次输入各文字，并将文字进行排版，效果如图 11-22 所示。

（23）参考前面的步骤制作菜单的第 4 页，效果如图 11-23 所示。

图 11-21

图 11-22

图 11-23

（24）将所有图形进行调整，框选所有图形并按 Ctrl+G 组合键进行群组，完成后保存为 CDR 格式，命名为“西餐厅菜单.cdr”，最终效果如图 11-24 所示。

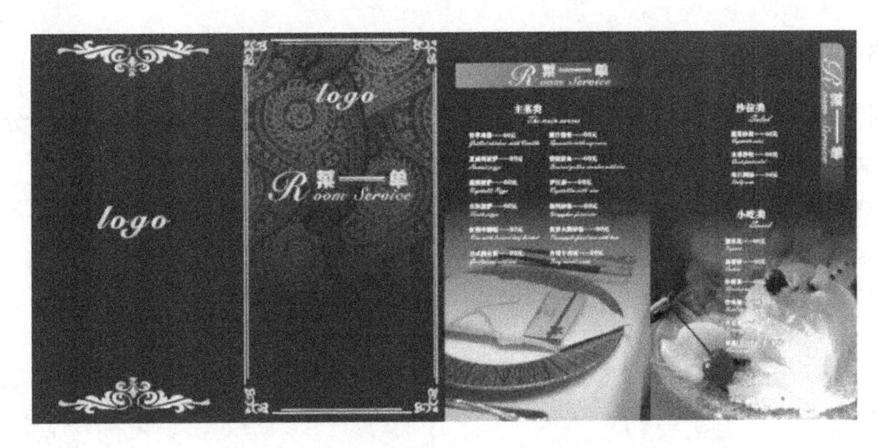

图 11-24

11.2　菜单设计项目实战 2：素食坊菜单的设计

【项目情境】

炎炎夏日，正是养生好时节，功德林素食坊近期推出了多款素食养生汤。为了便于客人到店点菜，素食坊请蓝天广告设计公司帮其制作一张“经典汤羹类”的菜单。

【项目分析】

设计该菜单需要使用矩形工具、椭圆形工具、文本工具、贝塞尔工具，最终效果如图 11-25 所示。菜单使用中国传统的水墨画作为底纹修饰图，与中国传统的养生汤羹美食相得益彰，搭配上汤羹实物图，让人想大饱口福。

图 11-25

【项目制作过程】

（1）打开 CorelDRAW X7 软件，新建一个页面，在新建页面的属性对话框中分别设置宽度为 297mm，高度为 210mm，页面尺寸显示为设置的大小。

（2）双击矩形工具 □，绘制一个与页面大小相同的矩形，填充图形为棕色[CMYK 值为（10、15、30、0）]，设置轮廓线的宽度为 0，效果如图 11-26 所示。

（3）将找好的素材置入矩形内，效果如图 11-27 所示。

图 11-26

图 11-27

（4）选择椭圆形工具 ◯，绘制 3 个正圆，填充颜色为红色[CMYK 值为（40，100，100，0）]。

（5）选择文本工具 字，在 3 个红色圆形上输入文字“功德林”，在下方输入“素食坊”，在右侧输入“经典汤羹类”，设置字体为宋体，字号根据实际情况进行调整。在“功德林”文本右侧添加一根竖直线，设置颜色为红色[CMYK 值为（40、100、100、0）]，效果如图 11-28 所示。

（6）选择贝塞尔工具，绘制如图 11-29 所示的云朵图形，颜色填充为红色[CMYK 值为（40、100、100、0）]，将云朵图形放置在如图 11-28 所示的位置。

图 11-28

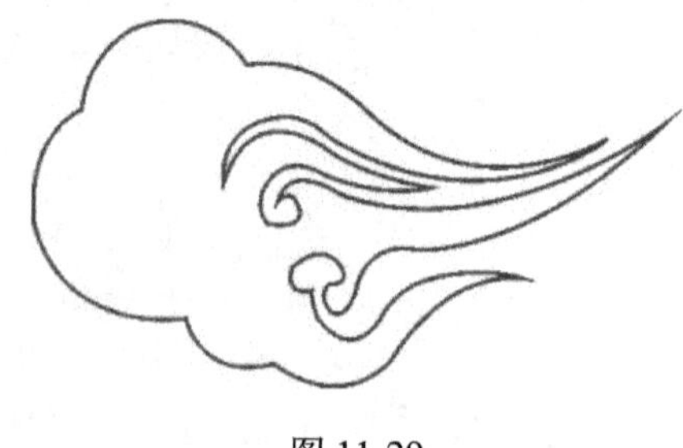

图 11-29

（7）选择贝塞尔工具，绘制两条直线，参数设置如图 11-30 和图 11-31 所示，放置于菜单上。

（8）选择椭圆形工具 ◯，绘制图形，如图 11-32 所示，复制几个，放置于直线上，效果如图 11-33 所示。

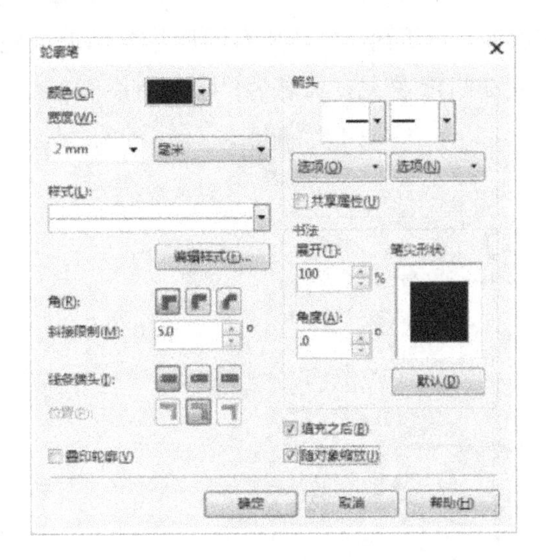

图 11-30

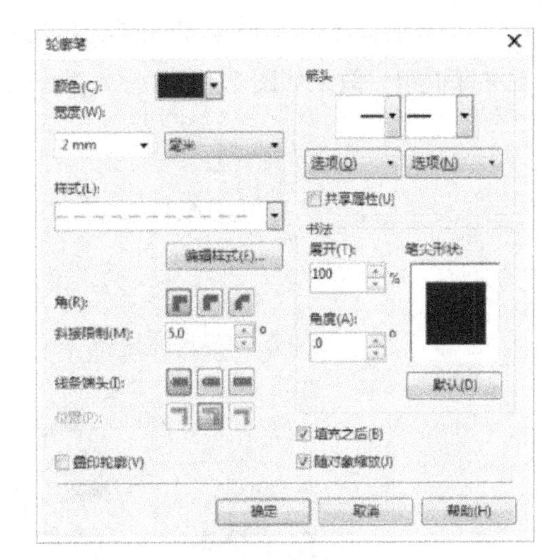

图 11-31

图 11-32

图 11-33

（9）将食物素材图片导入当前页面，置于如图 11-34 所示的位置。

图 11-34

（10）选择文本工具字，将菜单内容文字依次输入该页面，框选所有图形并按 Ctrl+G 组合键进行群组，效果如图 11-35 所示，完成后保存为 CDR 格式，命名为“素食坊菜单.cdr”。

图 11-35

课后练习

课后习题 1：设计牛排菜单

【知识要点】

使用透明度工具、贝塞尔工具、文本工具等进行绘制，灵活运用置入、透明度工具、文字排版，最终效果如图 11-36 所示。

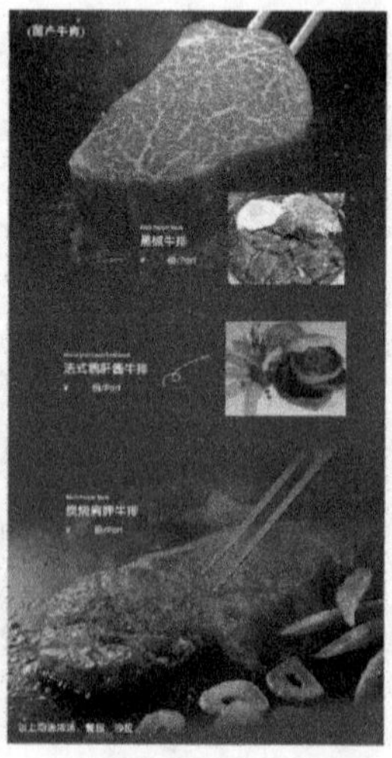

图 11-36

课后习题 2：设计个性化菜单

【知识要点】

使用贝塞尔工具、椭圆形工具、文本工具（设置字体、字样）等进行绘制排版，将图片置入有效位置，达到理想的视觉效果，最终效果如图 11-37 所示。

图 11-37

第12章 广告设计

【学习目标】

掌握房地产、手机等广告的设计与制作方法。

12.1 广告设计项目实战1：房地产广告的设计

【项目情境】

绿城集团即将开发名为“春江明月”的房产新项目，这个项目计划于8月6日开始面向客户开盘，为此需要设计一款广告用于对外宣传。

【项目分析】

设计房地产广告需要使用矩形工具、文本工具、图形的置入，最终效果如图12-1所示。该房地产广告在设计上使用了初升的明月图片作为背景图，寓意本项目就像初升的明月一样引人注目，整体颜色选择了深蓝色的色调，显得富有内涵、大气又具有现代感。

图12-1

【项目制作过程】

（1）打开 CorelDRAW X7 软件，新建一个页面，在新建页面的属性对话框中分别设置宽度为 120mm，度为 297mm，页面尺寸显示为设置的大小。

（2）双击矩形工具 ，绘制一个与页面相同大小的矩形，如图 12-2 所示。

（3）把提前找好的图片素材导入 CorelDRAW X7 界面，图片素材如图 12-3 所示。

图 12-2

图 12-3

（4）选中素材，选择“对象”→“图框精确裁剪”→“置于图文框内部”命令，将黑色箭头移动至矩形框内，单击，如图 12-4 所示。

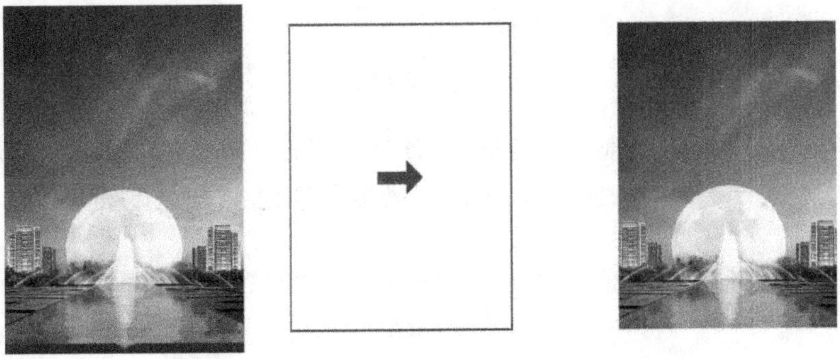

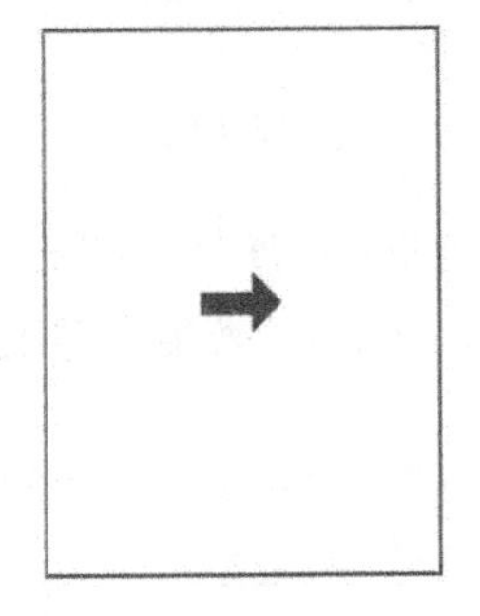

图 12-4

（5）选择文本工具 ，输入文字“绿城 • 春江明月”，在文本工具的属性栏中设置字体为方正粗雅宋长_GBK（可用其他字体代替），填充为白色，字号为 33pt，参数设置如图 12-5 所示，效果如图 12-6 所示。

方正粗雅宋长_GBK 33 pt

图 12-5

绿城·春江明月

图 12-6

（6）选择文本工具 ，输入文字“圆梦绿城”，在文本工具的属性栏中设置字体为微软雅黑，加粗，填充为白色，字号为 30pt，参数设置如图 12-7 所示，效果如图 12-8 所示。

微软雅黑 30 pt

图 12-7

圆梦绿城

图 12-8

（7）选择文本工具字，输入文字“8.6 营销中心·华幕盛启”，在文本工具的属性栏中设置字体为方正粗雅宋长_GBK（可用其他字体代替），填充为黄色[CMYK 值分别为（12、20、37、0）]，字号为 60pt，参数设置如图 12-9 所示，效果如图 12-10 所示。

方正粗雅宋长_GBK 60 pt

图 12-9

8.6 营销中心·华幕盛启

图 12-10

（8）选择文本工具字，输入文字“GREENTOWNHOUSE”，在文本工具的属性栏中设置字体为方正粗雅宋长_GBK（可用其他字体代替），填充为黄色[CMYK 值为（12、20、37、0）]，字号为 12pt，参数设置如图 12-11 所示，效果如图 12-12 所示。

方正粗雅宋长_GBK 12 pt

图 12-11

G R E E N T O W N H O U S E

图 12-12

（9）选择矩形工具□，绘制一个矩形，在属性栏的对象大小中分别输入 120mm、2.5mm，填充为黄色[CMYK 值为（12、20、37、0）]，效果如图 12-13 所示。

图 12-13

（10）选择矩形工具□，绘制一个矩形，在属性栏的对象大小中分别输入 120mm、35mm，填充为蓝色[CMYK 值为（100、60、30、60）]，效果如图 12-14 所示。

图 12-14

（11）选择文本工具字，输入文字“绿城集团”，在文本工具的属性栏中设置字体为微软雅黑，加粗，填充为黄色[CMYK 值为（12、20、37、0）]，字号为 23.51pt，参数设置如图 12-15 所示，效果如图 12-16 所示。

微软雅黑 23.51 pt

图 12-15

绿城集团

图 12-16

（12）选择文本工具字，输入文字“0771-5566 666”，在文本工具的属性栏中设置字体为微软雅黑，加粗，填充为黄色[CMYK 值为（12、20、37、0）]，字号为 23pt，参数设置如图 12-17 所示，效果如图 12-18 所示。

微软雅黑 23 pt

图 12-17

0771-5566 666

图 12-18

（13）选择文本工具字，输入文字“南宁市 平乐大道（南宁大桥南端）”，在文本工具的属性栏中设置字体为微软雅黑，加粗，填充为黄色[CMYK 值为（12、20、37、0）]，字号为 10pt，参数设置如图 12-19 所示，效果如图 12-20 所示。

微软雅黑 10 pt

图 12-19

南宁市 平乐大道（南宁大桥南端）

图 12-20

（14）将前面步骤所绘的图形及文本放置于如图 12-21 所示的位置，完成后保存为 CDR 格式，命名为“房地产广告.cdr”。

图 12-21

12.2 广告设计项目实战 2：手机广告的设计

【项目情境】

手机大卖场近期主推一款品牌手机，为了做广告宣传，特请蓝天广告设计公司帮忙设计一个广告页。

【项目分析】

设计手机广告需要使用矩形工具、文本工具、贝塞尔工具、形状工具、椭圆形工具，最终效果如图 12-22 所示。该广告设计画面干净，体现了广阔的空间，突出了手机主体。

图 12-22

【项目制作过程】

（1）打开 CorelDRAW X7 软件，新建一个页面，在新建页面的属性对话框中分别设置宽度为 297mm，高度为 210mm，页面尺寸显示为设置的大小。

（2）选择矩形工具 □，绘制一个宽度为 297mm，高度为 190mm 的矩形，填充图形为双色渐变，CMYK 值为（10、15、30、0），（10、15、30、0），取消轮廓线，参数设置如图 12-23 所示，效果如图 12-24 所示。

（3）选择文本工具 字，单击空白处输入文字“SKY”“GLOBAL”，在文本工具的属性栏中设置字体为 AuroraCn BT（可选用其他字体），字号为 75pt。

（4）选择文本工具 字，单击空白处输入其他文字，在文本工具的属性栏中设置字体为微软雅黑，字号为 10pt，效果如图 12-25 所示。

（5）将提前收集好的手机图片素材导入到当中页面中，效果如图 12-26 所示。

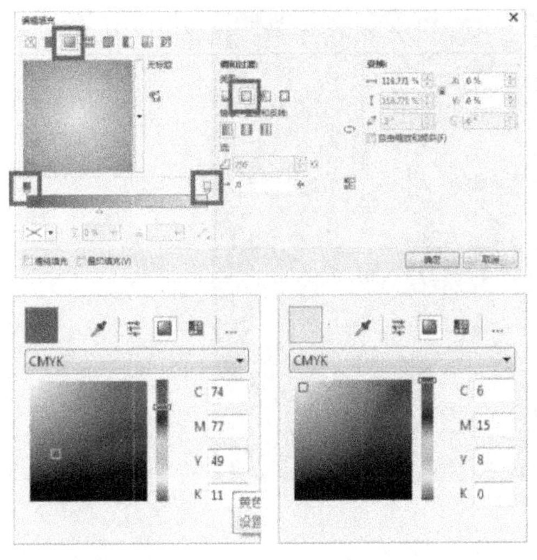

图 12-23

图 12-24

图 12-25

图 12-26

（6）选择贝塞尔工具 ，绘制如图 12-27 所示的图形，填充颜色，CMYK 值为（5、11、7、0），（90、85、48、14），效果如图 12-28 所示。

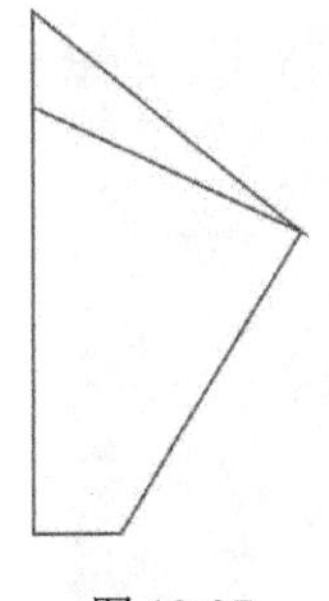

图 12-27

图 12-28

（7）复制一个图形，单击属性栏中的“水平反向”按钮 ，将两个图形分别放置在画面左、右侧。

（8）选择文本工具 ，单击空白处输入文字“轻”“薄”，在文本工具的属性栏中设置字体为微软雅黑，加粗，字号为 28pt，效果如图 12-29 所示。

图 12-29

（9）选择贝塞尔工具，绘制如图 12-30 所示的图形，填充颜色，CMYK 值分别为（4、7、5、0），（17、20、12、0），（60、62、36、2），（40、44、24、0），效果如图 12-31 所示。

图 12-30

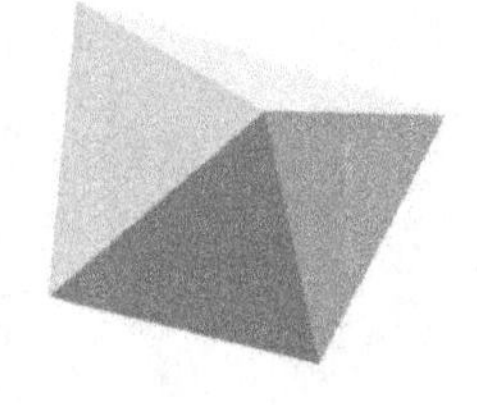

图 12-31

（10）复制多个图形，选择形状工具，对图形进行调整，放置于如图 12-32 所示的位置上。

图 12-32

（11）选择椭圆形工具，绘制正圆形，填充渐变色，CMYK 值为（0、10、5、0），（76、80、49、11），参数设置如图 12-33 所示，效果如图 12-34 所示。

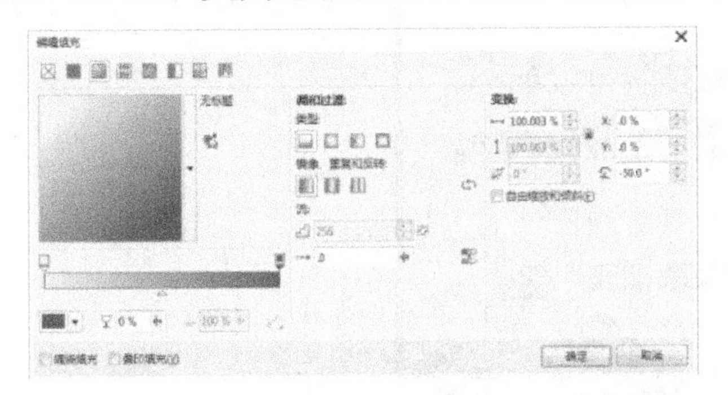

图 12-33　　　　图 12-34

（12）复制多个图形，调整各图形位置，添加品牌 LOGO，框选所有图形并按 Ctrl+G 组合键进行群组，如图 12-35 所示，完成后保存为 CDR 格式，命名为“手机广告.cdr”。

图 12-35

课后练习

课后习题 1：设计车位销售广告

【知识要点】

使用矩形工具、贝塞尔工具、文本工具等进行绘制排版，灵活运用置入、对齐快捷键、文字排版，效果如图 12-36 所示。

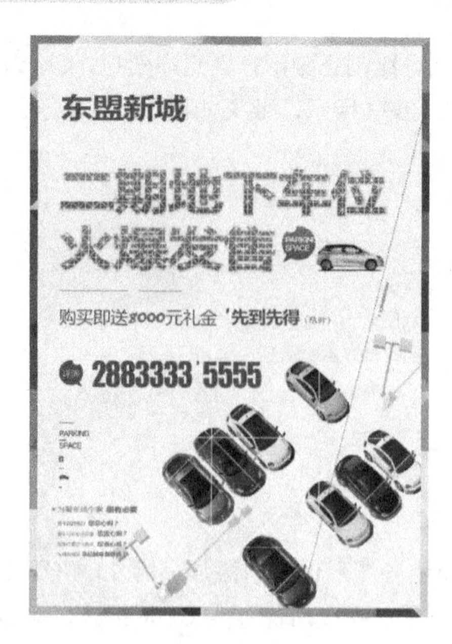

图 12-36

课后习题 2：设计相机广告

【知识要点】

使用矩形工具、形状工具、文本工具等进行绘制排版，将图片置入相应位置，调整图形的前后顺序达到视觉效果，效果如图 12-37 所示。

图 12-37

第 13 章 包装设计

【学习目标】

掌握香皂盒、手提袋等包装外观的设计与制作。

13.1 包装设计项目实战 1：香皂盒包装的设计

【项目情境】

现代的消费者在选购商品时越来越注重商品外包装的美观性，因此制造 MARSEILLAIS 香皂的××公司打算请××包装公司帮其设计一款香皂盒包装并投入生产。

【项目分析】

设计香皂盒包装需要使用矩形工具、贝塞尔工具、文本工具，最终效果如图 13-1 所示。在该设计中，主背景为白色，给人干净整洁的感觉，添加鲜花图片让人感受到从香皂盒中飘出的一缕缕花香味，使人产生立即购买回家使用的欲望。

图 13-1

【项目制作过程】

（1）打开 CorelDRAW X7 软件，新建一个页面，在新建页面的属性对话框中分别设置宽度为 620mm，高度为 280mm，页面尺寸显示为设置的大小。

（2）首先绘制包装盒展开图，选择矩形工具 □，将包装盒的展开图正面绘制出来，填充图形为白色，如图 13-2 所示。

图 13-2

（3）选择矩形工具 □，将包装盒展开图的粘贴面绘制出来，填充图形为白色，设置全部轮廓线的宽度为 0，在粘贴面处加上阴影（方便区分），如图 13-3 所示。

图 13-3

（4）将提前找好的鲜花素材图片置入到盒子两个侧面，如图 13-4 所示。

图 13-4

（5）选择贝塞尔工具，绘制如图 13-5 所示的图形，填充颜色的 CMYK 值为（46、58、81、3），效果如图 13-6 所示。

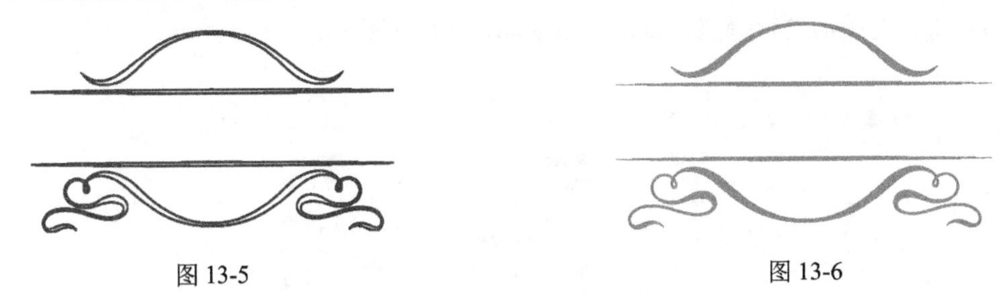

图 13-5　　　　图 13-6

（6）选择文本工具，单击空白处输入文字“Be Palil”“MARSEILLAIS”“ • 香皂 •”，在文本工具的属性栏中设置字体为微软雅黑，填充颜色的 CMYK 值为（46、58、81、3），效果如图 13-7 所示。

（7）选择文本工具，将其他文字输入，在文本工具的属性栏中设置字体为微软雅黑，填充颜色的 CMYK 值为（46、58、81、3），效果如图 13-8 所示。

图 13-7

图 13-8

（8）接下来开始绘制包装盒立体图，选择贝塞尔工具，绘制如图 13-9 所示的图形，颜色填充为白色，取消轮廓线，如图 13-10 所示。

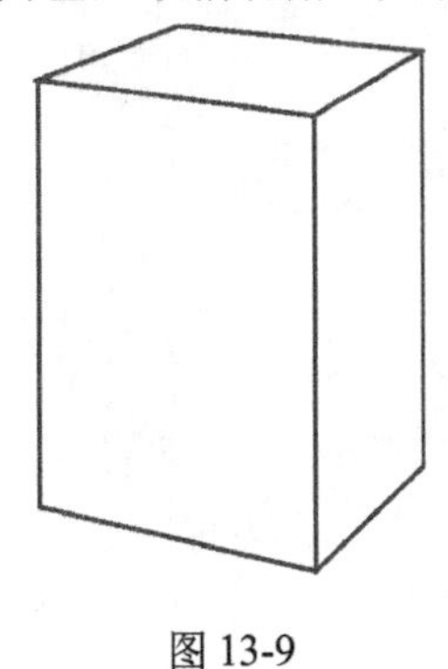

图 13-9

图 13-10

（9）将顶面颜色填充为双色渐变，CMYK 值分别为（0、0、0、0），（0、0、0、13），参数设置如图 13-11 所示，效果如图 13-12 所示。

（10）将其他图形进行调整，置入，效果如图 13-13 所示。

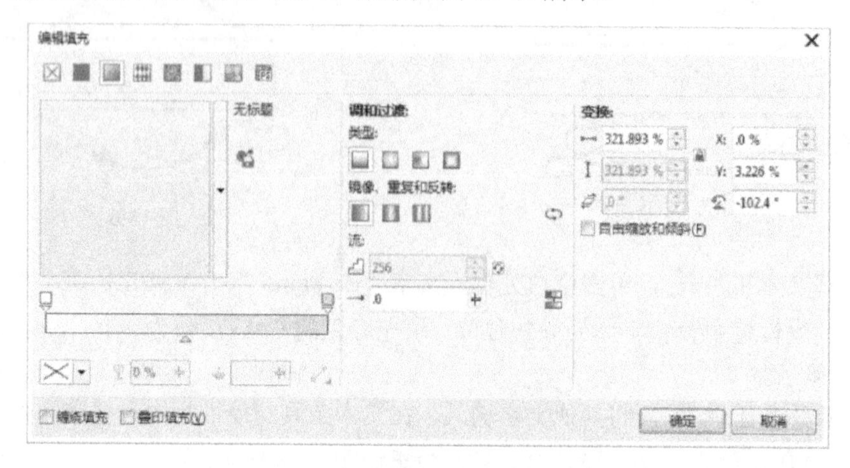

图 13-11

图 13-12

图 13-13

（11）对图形进行调整排版，框选所有图形并按 Ctrl+G 组合键进行群组，效果如图 13-14 所示，完成后保存为 CDR 格式，命名为“香皂盒包装.cdr”。

图 13-14

13.2　包装设计项目实战 2：手提袋外观的设计

【项目情境】

绿城集团的“春江明月”项目在开盘当天想给每位到场参加的客户赠送一个纸质手提袋，既可作为赠礼又可起到宣传作用，这个设计任务继续让营销策划部来完成。

【项目分析】

该手提袋在设计风格上继续沿用广告设计项目实战 1 的深蓝色主色调，选用了深蓝色的海洋图案，使人容易产生信赖感，手提袋使用了矩形工具、贝塞尔工具、文本工具、透明度工具等来绘制，最终效果如图 13-15 所示。

图 13-15

【项目制作过程】

（1）打开 CorelDRAW X7 软件，新建一个页面，在新建页面的属性对话框中分别设置宽度为 300mm，高度为 210mm，横向，页面尺寸显示为设置的大小。

（2）双击矩形工具 □，绘制一个与页面大小相同的矩形，效果如图 13-16 所示。

（3）把提前找好的海洋图片素材导入到当前界面，效果如图 13-17 所示。

图 13-16

图 13-17

（4）选中素材，选择“对象”→“图框精确裁剪”→“置于图文框内部”命令，将黑色箭头移动至矩形内，单击，效果如图 13-18 所示。

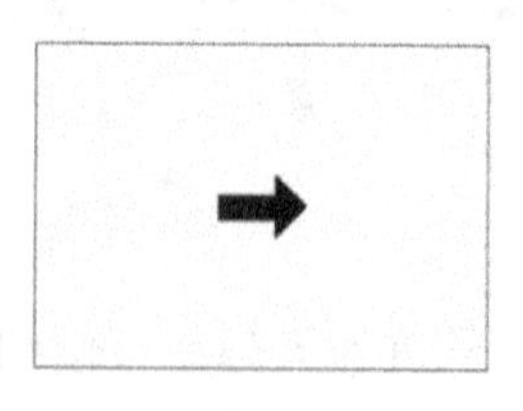

图 13-18

（5）选择文本工具 字，输入文字“绿城 · 春江明月”，在文本工具的属性栏中设置字体为方正粗雅宋长_GBK（可用其他字体代替），填充为黄色[CMYK 值分别为（1、8、21、9）]，字号为 55pt，参数设置如图 13-19 所示，效果如图 13-20 所示。

方正粗雅宋长_GBK　55 pt

图 13-19

绿城 · 春江明月

图 13-20

（6）选择文本工具 字，输入文字“greentown”，在文本工具的属性栏中设置字体为 Balzac，颜色填充为黄色[CMYK 值为（1、8、21、9）]，字号为 24pt，参数设置如图 13-21 所示，效果如图 13-22 所示。

图 13-21

greentown

图 13-22

（7）选择文本工具 字，输入文字“中国绿城 绿城中国”，在文本工具的属性栏中设置字体为微软雅黑，加粗，填充为黄色[CMYK 值为（1、8、21、9）]，字号为 16pt，参数设置如图 13-23 所示，效果如图 13-24 所示。

图 13-23

中国绿城 绿城中国

图 13-24

（8）选择贝塞尔工具，绘制 3 条直线，轮廓线为黄色[CMYK 值为（1、8、21、9）]，轮廓的宽度设置为 0.25mm，参数设置如图 13-25 所示，效果如图 13-26 所示。

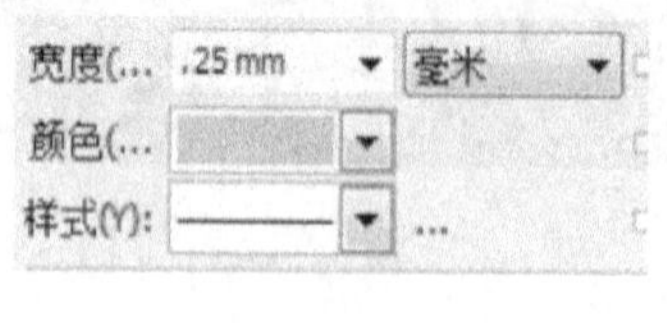

图 13-25

图 13-26

（9）将前面步骤所绘制的图形及文本放置于如图 13-27 所示的位置。

（10）选择矩形工具，绘制一个矩形作为手提袋的侧面，填充为白色，在属性栏对象大小中分别输入 75mm、210mm，效果如图 13-28 所示。

图 13-27

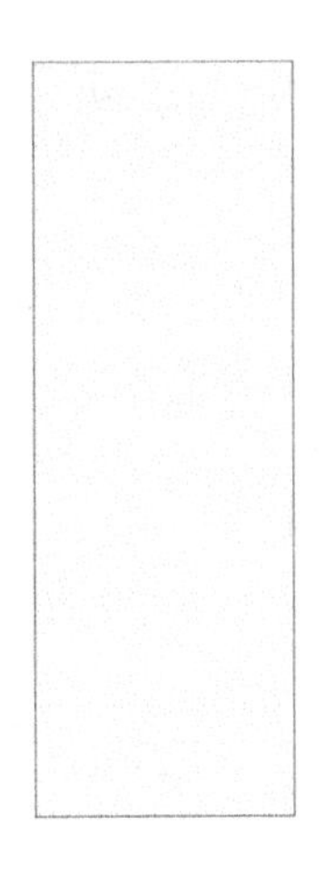

图 13-28

（11）选择文本工具，输入文字“CHINA GREEN TOWN”，在文本工具的属性栏中设置字体为 Arrus BT，填充为蓝色[CMYK 值为（100、60、30、60）]，字号为 9pt，参数设置如图 13-29 所示，效果如图 13-30 所示。

图 13-29

图 13-30

（12）选择文本工具，分别输入文字“中国地产 TOP10”“南宁五象头排”“直瞰青山邕江”“绿城高层封面作品”“中国物业 TOP10”，在文本工具的属性栏中设置字体为微软雅黑，填充为蓝色[CMYK 值分别为（100、60、30、60）]，字号为 10pt，参数设置如图 13-31 所示，效果如图 13-32 所示。

图 13-31

图 13-32

（13）选择文本工具，输入文字“0771-5566 666”，在文本工具的属性栏中设置字体为微软雅黑，加粗，填充为蓝色[CMYK 值为（100、60、30、60）]，字号为 23pt，参数设置如图 13-33 所示，效果如图 13-34 所示。

O 微软雅黑 23 pt

图 13-33

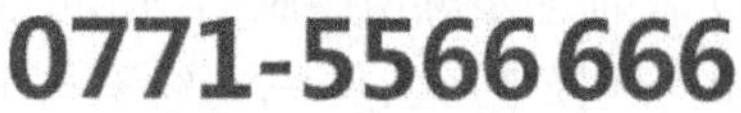

0771-5566 666

图 13-34

（14）将步骤（10）～（13）所绘的图形及文本放置于如图 13-35 所示的位置。

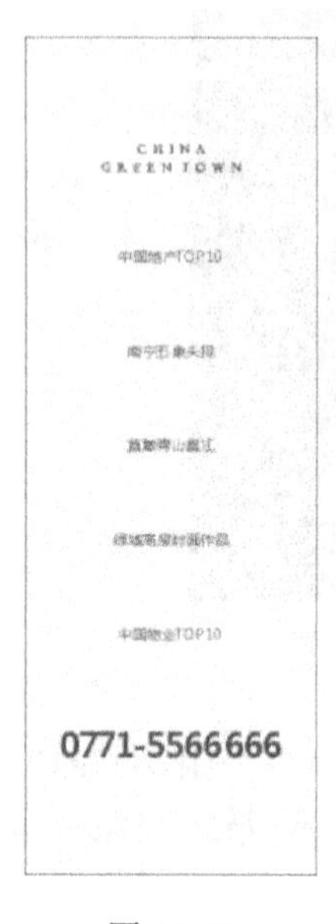

图 13-35

（15）选择贝塞尔工具，在页面上绘制如图 13-36 所示的图形作为手提袋的外观。

（16）将其他图形调整，置入，效果如图 13-37 所示。

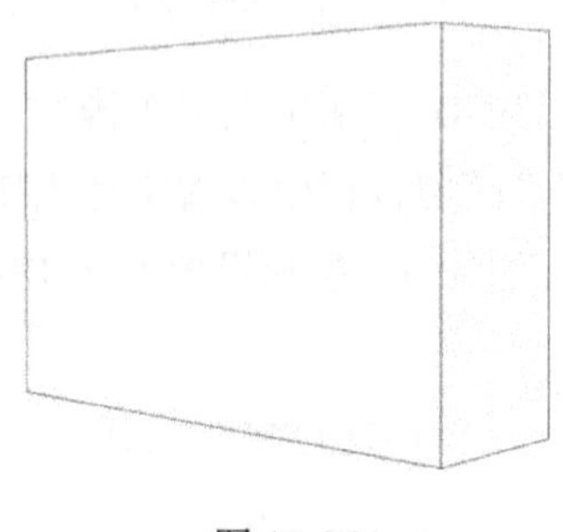

图 13-36

图 13-37

（17）选择贝塞尔工具，在页面上绘制两条曲线作为手提袋的提手部分，轮廓线设置为黑色，轮廓的宽度设置为 1.5mm，参数设置如图 13-38 所示，效果如图 13-39 所示。

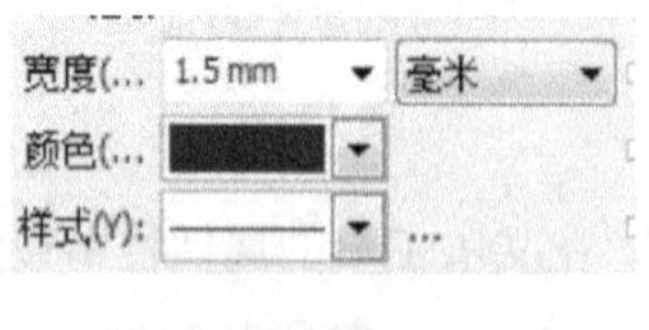

图 13-38

图 13-39

（18）选择贝塞尔工具 ，在页面上绘制一个图形作为手提袋的阴影部分，填充为黑色，效果如图 13-40 所示。

（19）选中绘制好的图形，选择透明度工具 ，在图形上从上往下拖动鼠标，为图形增加透明效果，如图 13-41 所示。

图 13-40　　　　图 13-41

（20）将步骤（16）～（19）的图形及文本放置于如图 13-42 所示的位置，完成后保存为 CDR 格式，命名为“手提袋外观设计.cdr”。

图 13-42

课后练习

课后习题 1：设计茶叶盒包装

【知识要点】

使用矩形工具、贝塞尔工具、椭圆形工具等进行绘制，使用形状工具进行调整，效果如图 13-43 所示。

图 13-43

课后习题 2：设计红酒瓶包装

【知识要点】

使用矩形工具、形状工具、文本工具等进行绘制排版，将图片置入有效位置，效果如图 13-44 所示。

图 13-44

第14章 户型图的绘制

【学习目标】

掌握房屋户型图的设计与绘制。

户型图绘制项目实战

【项目情境】

绿城集团的新项目在制作宣传册时，需要放置该楼盘的户型图，便于客户直观观看，他们把户型图的绘制任务交给了专业的设计公司来完成。

【项目分析】

绘制楼盘户型图需要使用矩形工具、贝塞尔工具、文本工具，最终效果如图14-1所示。

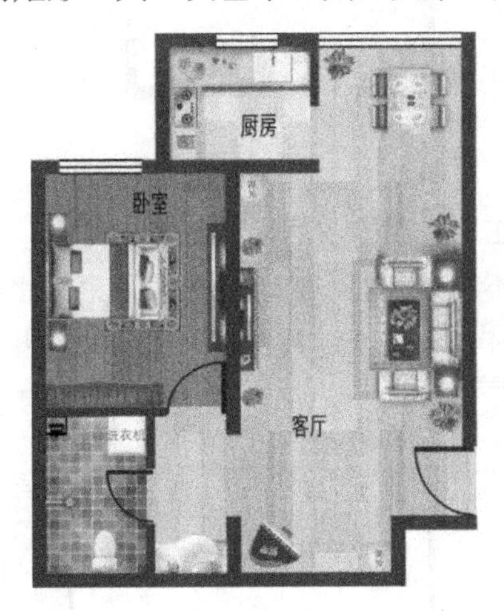

图14-1

【项目制作过程】

（1）打开CorelDRAW X7软件，新建一个页面，在新建页面的属性对话框中分别设置宽度为260mm，高度为315mm，页面尺寸显示为设置的大小。

（2）选择矩形工具，将墙面部分绘制出来，使用“合并”按钮与“修剪”按钮进行调整（见图 14-2），为图形填充黑色，设置轮廓线的宽度为 0，如图 14-3 所示。

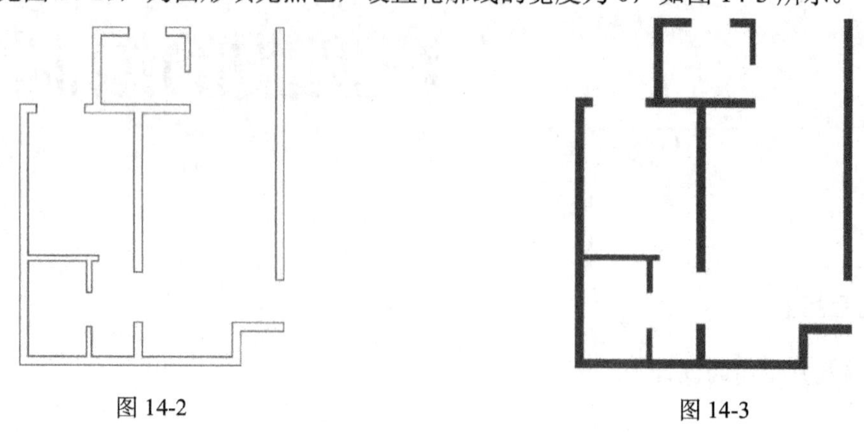

图 14-2　　　　图 14-3

（3）选择贝塞尔工具，将门窗部分绘制出来，如图 14-4 所示，框选所有图形，按 Ctrl+G 组合键进行群组。

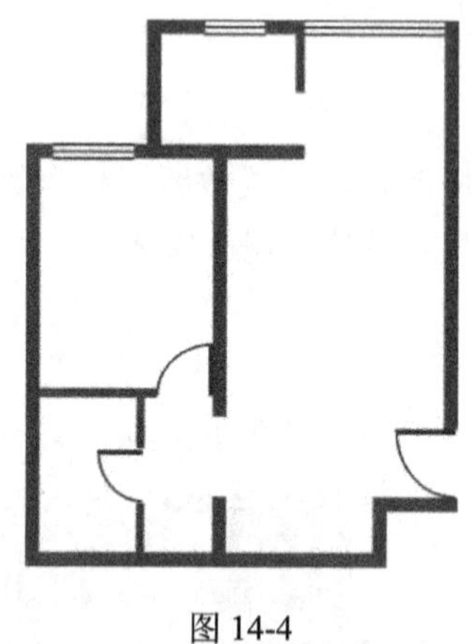

图 14-4

（4）选择矩形工具，在户型图的各房间绘制多个矩形，必要时可以通过单击“合并”按钮进行图形合并，填充不同的灰色，去除轮廓线，最后将所有矩形转化为曲线，并将编辑好的图形通过按 Ctrl+Shift+PgDn 组合键放置在最下层，效果如图 14-5 和图 14-6 所示。

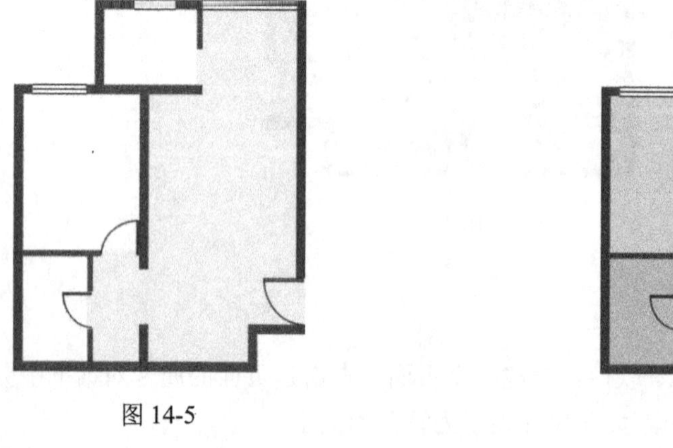

图 14-5

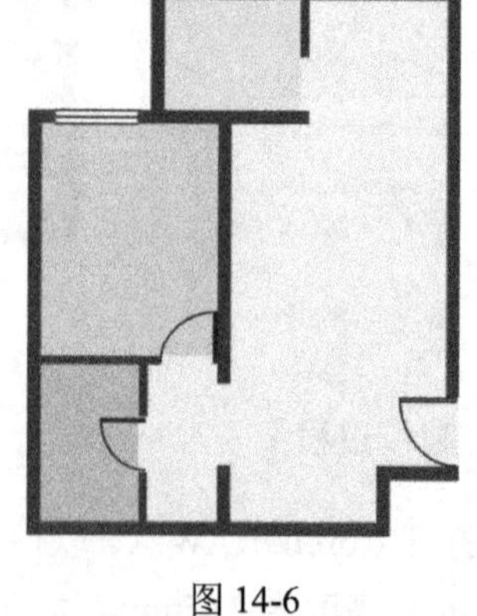

图 14-6

（5）将提前找好的地板素材图片置入到步骤（4）的不同矩形中，素材如图 14-7 所示，效果如图 14-8 所示。

图 14-7

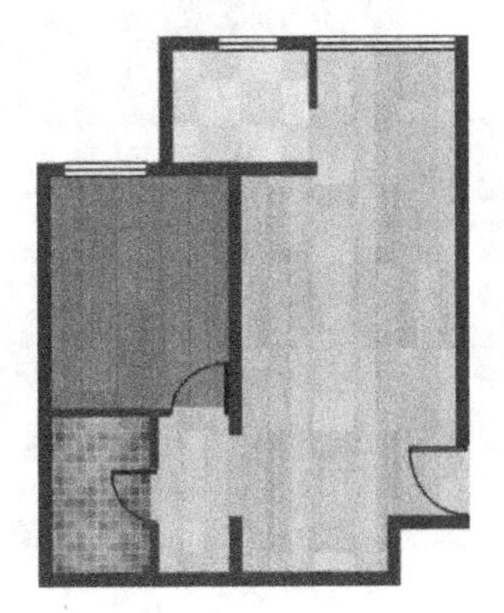

图 14-8

（6）将提前找好的室内装饰素材图片置入图形中，如图 14-9 所示。

（7）选择文本工具，输入描述性文字，效果如图 14-10 所示，框选所有图形并按 Ctrl+G 组合键进行群组，完成后保存为 CDR 格式，命名为“楼盘户型图.cdr”。

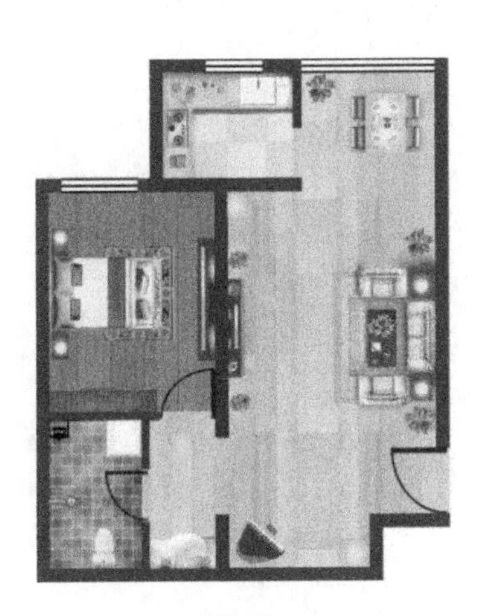

图 14-9

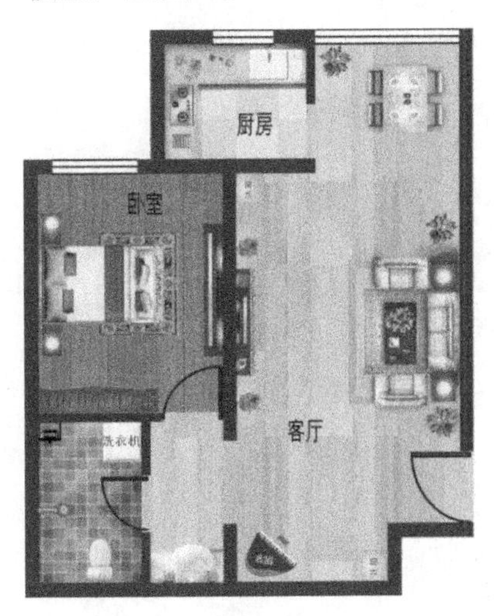

图 14-10

课后练习

课后习题：绘制三房二厅户型图

【知识要点】

使用矩形工具、文本工具、贝塞尔工具等进行绘制，灵活运用置入，合理安排位置空间，效果如图 14-11 所示。

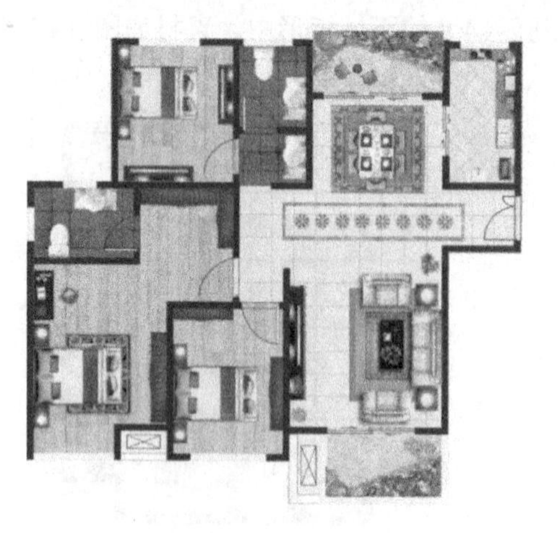
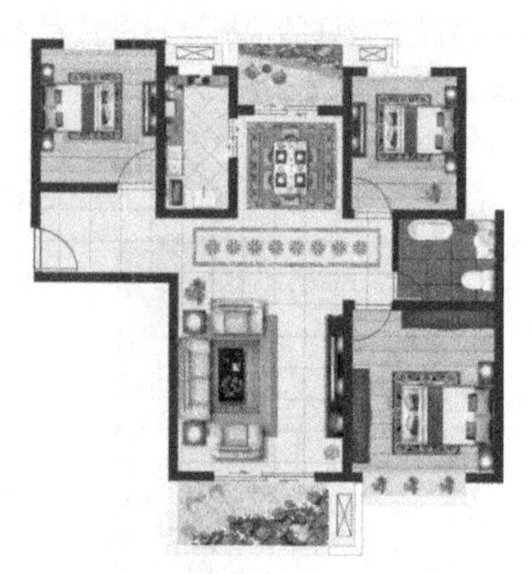

图 14-11

反侵权盗版声明

举报电话：（010）88254396；（010）88258888

传　　真：（010）88254397

E-mail：　dbqq@phei.com.cn

通信地址：北京市海淀区万寿路 173 信箱

　　　　　电子工业出版社总编办公室

邮　　编：100036